衢州玉露茶
质量安全风险
防控手册

金昌盛　林燕清　毛聪妍　程　萱　主编

中国农业科学技术出版社

图书在版编目（CIP）数据

衢州玉露茶质量安全风险防控手册 / 金昌盛等主编 . -- 北京：中国农业科学技术出版社，2024.6

ISBN 978-7-5116-6778-6

Ⅰ.①衢… Ⅱ.①金… Ⅲ.①茶叶－质量管理－风险评价－衢州－手册 Ⅳ.① TS272.7-62

中国国家版本馆 CIP 数据核字（2024）第 076907 号

责任编辑	张诗瑶
责任校对	李向荣
责任印制	姜义伟　王思文

出 版 者	中国农业科学技术出版社
	北京市中关村南大街 12 号　邮编：100081
电　　话	（010）82106625（编辑室）　（010）82106624（发行部）
	（010）82109709（读者服务部）
网　　址	https://castp.caas.cn
经 销 者	各地新华书店
印 刷 者	北京建宏印刷有限公司
开　　本	148 mm×210 mm　1/32
印　　张	5.875
字　　数	158 千字
版　　次	2024 年 6 月第 1 版　2024 年 6 月第 1 次印刷
定　　价	58.00 元

《衢州玉露茶质量安全风险防控手册》

编写人员

主　　编　金昌盛　林燕清　毛聪妍　程　萱

副 主 编　郑雪良　郑亚清　毛莉华　杨明府

　　　　　王海富　祝伟东　周爱珠　江财红

参　　编（按姓氏笔画排序）

　　　　　方　俊　朱　安　杜梦可　杨奉水

　　　　　吴　群　吴怡菲　吴晨浩　宋耀斌

　　　　　张露华　陈少华　罗冬晓　周　晶

　　　　　胡玉梅　姜晓刚　柴郎峰　徐璐珊

　　　　　董祥伟　舒志敏

前　言

　　茶叶是世界著名的三大饮料之一，被称为"东方饮料的皇帝"。茶叶中含有茶多酚、咖啡碱、茶氨酸、维生素等多种成分，具有抗衰老、抗抑郁、降血脂、提神等多种功效。我国是茶叶的故乡，茶叶作为我国的特殊饮料已有几千年的历史，是人们日常生活中不可缺少的一部分。

　　浙江省衢州市衢江区有1200多年的种茶史，出产的衢州玉露茶历史悠久，衢州市志记载，早在宋代"信安白毛尖"贡品茶（北宋仙霞茶）就出产在此。1999年，衢州玉露茶被评为浙江省一类名茶；2020年，衢州玉露茶通过农业农村部农产品地理标志登记；2022年，衢州玉露茶被纳入国家农产品地理标志保护工程项目。茶产业是衢江区农业特色主导产业，近年来，通过政策引导、示范带动、厚植优势，实现了规模扩大、质量提升、效益增长，2023年衢江区茶园面积3.36万亩（1亩≈667平方米），产量1806吨，产值2.3亿元。衢江区茶产业在推进强农富民、乡村振兴和共同富裕战略中发挥着重要作用。

茶产业要想持续健康地发展，质量安全是重中之重。种植、加工等过程的不规范造成的农药残留和重金属超标等问题都可能给茶叶质量安全带来较大的风险隐患。因此，研究加强茶叶质量安全风险防控十分必要和紧迫，也是农产品地理标志保护工程的工作要求。编者根据多年有关工作经验和茶叶生产实际，并咨询行业专家、查阅大量资料，编写了《衢州玉露茶质量安全风险防控手册》一书。本书遵循可持续、高质量发展的理念，对茶叶生产的规划建园、耕作除草、肥水管理、茶树修剪、鲜叶采运、茶叶加工、包装贮存、病虫防治、茶叶检测等全过程的生产要点及风险管控技术做了详细介绍，力求内容全面、科学、易懂，以达到更好地保障茶叶质量安全的目的。

本书大部分图片由衢州市衢江区茶文化研究会提供；本书在编写过程中，参考了国内有关文献、书籍、标准，吸收了有关专家的研究成果，在此一并表示感谢。

由于编者水平所限，书中难免有疏漏和不足之处，敬请谅解。

编　者

2024 年 3 月

目　录

衢州有礼 康养衢江

一座最有礼的城市

衢州玉露茶

国家生态示范区
国家农产品质量安全县

第一章
衢江区茶叶生产概况

　　衢江地处浙江生态绿茶产业带，具有生态资源一流、发展理念精准、产业体系较完善、质量安全体系规范等优势。2020 年，衢州玉露茶通过了农业农村部农产品地理标志登记。

一、衢江区茶产业概况

衢江地处浙江生态绿茶产业带，2023 年衢江区茶园面积 3.36 万亩（1 亩 ≈667 平方米），其中采摘面积 3.25 万亩。2023 年全年产茶 1806 吨，总产值 23104 万元；其中名优茶产量 786 吨，产值 18177 万元；名优茶产量、产值的全年占比分别为 43.5%、78.7%。

目前，衢江区茶树主栽品种为龙井 43、安吉白茶、乌牛早、鸠坑等。2009 年、2013 年，衢江区两次被评为"浙江省茶树良种化先进县"，目前全区茶树良种化率 62%；建成良种种植、名优茶加工、机采茶园、出口加工、安吉白茶种植等生态化示范基地 8 个；建立有机茶、绿色食品生产基地 23 个，面积 4673 亩，全域绿色食品监测面积 16645 亩，正在创建全国绿色食品原料生产基地；全区茶产品规模化加工率达 80%。

（一）生态资源一流

衢江区是衢州的市辖区，位于钱塘江上游，是浙江省的生态屏障，境内的乌溪江水质常年保持华东地区最好的Ⅰ级地表水标准，经第三方瑞士 SGS 公司环评检测，水源的 29 项指标均远远优于国家一类水标准，也远好于美国环境 EPA 指标；同时衢江区还是全国 9 个生态良好的地区之一和国家森林城市、国家生态示范区，拥有 72.9% 森林覆盖率和 23 亿立方米水储量，每立方厘米空气负氧离子含量最高可达 1.5 万个。一流的生态是衢江区茶产业的重大资源和优势。

（二）发展理念精准

围绕实施乡村振兴战略总的指导思想，以推进农产品供给侧结构性改革为主线，按"集约、高效、安全、可持续"原则，确立"规范化茶园管理、品质化生产加工、一体化品牌推广、多元化市场营销"发展思路，以绿色生态建设为抓手，构建"茶园生态化、茶树良种化、加工规模化、生产机械化、经营产业化"现代茶产业体系，全面实现茶产业提质增效、农民增收。

（三）产业体系较完善

目前衢江区有规模初制茶厂 24 个，单机作业加工点 130 余处。其中，大山茶叶公司等 10 家茶企通过 SC 认证；建成衢州玉露茶区域公共品牌 1 个，注册有"大山"等 8 个子品牌；衢州玉露茶获得中华人民共和国农业农村部农产品地理标志登记证书。现有规模家庭农场、专业合作社、茶企生产主体 46 家，形成"企业＋农户"的生产模式；有衢江品牌茶叶专卖店、连锁店 5 家，电商销售品牌 4 个，形成"专卖店＋连锁店＋电商＋市场"的销售体系。

（四）质量安全体系规范

衢江区是国家现代农业示范区、全国首批百个农产品质量安全创建试点县之一、全省首批通过验收的 10 个农产品质量安全放心示范县之一。在茶叶生产中，衢江区建立了农业标准生产、环境及产品检验检测、质量安全溯源、农资市场监管四大体系。四大体系覆盖全区茶叶生产基地，是一个环环相扣的茶产品放心体系。

二、衢州玉露茶特征

衢州玉露茶地理坐标为北纬 28°31′00″ ～ 29°20′07″、东经 118°41′51″ ～ 119°06′39″，以适制的中小叶种茶树新梢芽叶为原料，采用杀青、揉捻、循环滚炒等特定工艺加工的一种半烘炒绿茶。现有"大山""辉屏贡茶""大雾源""大坪垟""仙霞湖""凉茗""帝如丁香"等主要子品牌。2020 年9 月 22 日，中华人民共和国农业农村部正式批准对衢州玉露茶实施地理标志产品保护。

感官品质特征：衢州玉露茶外形条索卷曲紧结、色泽翠绿；汤色嫩绿明亮；香气栗香高长；滋味醇厚甘爽；叶底嫩匀成朵绿亮。其具有独特的品质特征"栗香高长、回味甘纯"。

内在品质指标：水分≤ 7.0%，游离氨基酸≥ 3.0%，茶多酚≥ 12%，水浸出物含量≥ 36.0%。

质量安全：产品生产严格遵守农产品质量安全相关标准要求，符合 GB 2762—2022《食品安全国家标准　食品中污染物限量》、GB 2763—2021《食品安全国家标准　食品中农药最大残留限量》规定。

第二章
茶叶质量安全要点

　　茶叶质量安全指茶叶产品无毒、无害，在规定的使用方式和用量条件下长期饮用，对食用者不产生不良影响。茶叶质量安全评价一般包括感官品质评价、理化品质评价、安全指标评价和质量认证评价四个方面。

一、茶叶质量和质量安全

（一）茶叶质量

茶叶质量指茶叶特征及满足消费需求的程度。

茶叶特征包括感观、安全性、理化成分。感观指产品色、香、味、形。安全性指茶叶消费者食用产生不良影响的程度。理化成分包括内含物、水、营养、灰分、保健成分。

茶叶消费需求包括显性需求和隐性需求。显性需求包括对茶叶种植、加工、销售等各环节硬性技术规范要求。隐性需求指消费者潜在的、期望的、认知上的需求。

（二）茶叶质量安全

茶叶质量安全指茶叶产品无毒、无害，在规定的使用方式和用量条件下长期饮用，对食用者不产生不良影响。茶叶无毒、无害指茶叶产品中不含有害物、无污染。茶叶污染来自农药残留、重金属、有害微生物等。茶叶安全性设有无公害茶—绿色茶—有机茶三个层次。新修订的《中华人民共和国农产品质量安全法》已于2023年1月1日起实施，取消了"无公害农产品"这一概念。

二、茶叶质量安全评价

（一）感官品质评价

感官品质评价主要靠感官检验，由专业审评人员正常的视觉、嗅觉、味觉、触觉感受，一般从茶叶形态、嫩度、色泽、香气、滋味等方面进行综合评定。

（二）理化品质评价

理化品质评价主要靠仪器检测来判定。茶叶理化品质主要指标有水分、灰分、水浸出物、粗纤维等。它们的含量与茶叶质量安全有关，比如，水分含量过高，茶叶贮藏性差，易变质，色泽、滋味等易发生改变，存在较大的质量安全隐患。

（三）安全指标评价

安全指标评价就是茶叶含有毒有害物质的安全范围评价。国家从茶叶产地环境、生产技术、加工技术到最终的产品质量均制定了标准，需用科学的评价方法进行判定，满足茶叶消费者最基本的质量安全保障。

衢州有礼 康养衢江
QUZHOU QUJIANG
一座最有礼的城市

衢州玉露茶

栗香高长 回味甘纯

（四）质量认证评价

目前，茶叶产品认证主要有绿色食品认证、有机产品认证等。体系认证，如 GAP、HACCP、ISO9000、ISO14000 等，通过认证的茶叶产品在包装上可以加贴相应的认证标志，便于消费者识别。

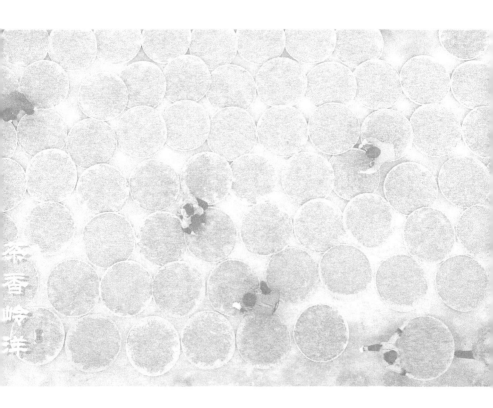

第三章
茶叶质量安全主要问题

茶叶质量安全主要问题包括农药残留、重金属超标、违规使用添加剂、有机物污染和非茶异物等。

一、农药残留

农药残留是茶叶中最常见的问题之一，有专家指出，中国茶叶质量安全问题的 80% 是农药残留超标。常见的残留农药主要有杀虫剂、杀菌剂、除草剂等。虽然近些年绿色防控技术大力推广，采用杀虫灯、色板、诱捕器等物理防治和以虫治虫、以菌治虫、性诱剂诱虫等生物防治方法诱杀虫害，农药使用较大程度减少，但当遇到突发的、明显的病虫害时，仍会出现超范围、超剂量使用农药的现象，农药使用不当和安全间隔期不足等问题，导致茶叶农药残留风险依然不容小视。

二、重金属超标

茶叶中的重金属超标问题一直备受关注。重金属超标的主要原因是茶叶种植和加工环节容易受到过量的重金属污染。土壤、肥料、空气、水质、加工机械设备等，都是重金属污染的重要来源。尽量远离污染、减肥减药、清洁生产、适时抽检是避免重金属超标的有效办法。

三、违规使用添加剂

　　根据食品安全国家标准和茶叶国家标准规定，茶叶中不允许使用任何食品添加剂。但仍有些不法商家，为了给茶叶调色、增香，以次充好，违规使用色素、香精、糖精等添加剂，尤其在红茶、袋泡茶、速溶茶等出现居多。长期摄入添加剂对人体健康不利，国家也一直严厉查处此类问题。

四、有机物污染

有机物污染主要来源是燃料、汽车尾气、包装材料等。茶叶种植区域的环境污染物，如汽车尾气、工业排放和农业活动产生的污染物，可能会通过空气、水和土壤进入茶叶。茶叶加工过程中使用的燃料、包装材料等也可能会造成有机物污染。

有机物污染可能具有慢性毒性，长期摄入可能导致慢性疾病；某些有机物污染可能对中枢神经系统产生不良影响，导致头痛、头晕、失眠等症状；某些有机物污染物被认为是潜在的致癌物质，长期摄入可能增加患癌症的风险。

五、非茶异物

　　非茶异物指混入茶叶中的非茶叶植物组织或其他非食用物质，主要包括杂草、秸秆、毛发、粉尘等。这些非茶异物大多是在茶叶生产加工过程中混入，它们的存在不仅影响茶叶的外观和品质，还可能对消费者的健康造成潜在风险。严格按照标准规程生产茶叶，保持生产加工清洁非常重要。

第四章
茶叶质量安全控制点和关键技术

茶叶质量安全涵盖了茶叶从生产、加工到销售的全过程，把握主要控制点和关键技术，对消除茶叶质量安全隐患会起到事半功倍的作用。

一、茶叶质量安全主要控制点

（一）产地环境

产地环境应远离工业区、污染源，生态环境优良，从源头保障茶叶质量安全。空气、水质、土壤、产品应定期检测，指标符合国家或行业标准。有条件的地方，应建设生态茶园，功能布局合理，设施设备齐全，产出安全高效。

（二）茶园管理

茶园管理涉及施肥、除草、修剪、治虫、杀菌等多方面，是茶叶生产的重要环节，要加强投入品的管控，在生产过程中合理科学使用农药、化肥，不滥用、不误用。

（三）茶厂加工

茶叶加工污染较为常见，是茶叶质量安全控制的关键点。推行清洁化加工尤为重要，主要要做到四个方面，即环境清洁化、设备清洁化、燃料清洁化和工艺清洁化。

（四）体系建设

体系建设是对质量安全的一种制度保障。例如，检测体系，对产地环境、原料、产品进行巡查巡检，及时发现问题，及时纠正；质量追溯体系，使茶产品源头安全有据可查，产品流向可追溯、可追踪；监管体系，对农资、产品等按法律法规进行监管，维护市场秩序，引导诚信经营。

二、茶叶质量安全控制关键技术

（一）生态茶园建设技术

生态茶园建设是保障和提高茶叶原料质量安全的重要基础环节。茶叶基地应远离污染源，生态环境优良，空气、水质、土壤洁净。品种搭配合理，选用优质、高产、适制性好的茶树品种，无性系茶树良种率应在 70% 以上，早中晚生及不同抗性品种搭配合理。功能区布局合理，避免交叉污染，农资存放、茶叶加工、包装、检验、贮藏等设施齐全、空间合理。茶树栽培管理规范，综合应用耕作技术、修剪技术、节水灌溉技术和测土配方施肥等技术进行管理，适时采收，严格按照农药、化肥施用采收安全间隔期进行采摘。病虫害应用绿色防控技术，充分应用杀虫灯、性诱剂和色板等现代绿色防控技术，尽量减少化肥、农药的使用，严格茶园投入品管理。

（二）茶叶清洁加工技术

坚持清洁化加工原则，要做到以下五点。一是做到加工环境清洁化，茶叶加工厂必须远离工业区、垃圾场、畜牧场等污染源，并按 SC 认证要求对生产环境进行规划，加工区、办公区、生活区等功能区需要合理布局，车间材料环保，作业分区，整齐干净。二是做到加工能源清洁化，主推液化气、电等清洁化能源，降低煤、柴使用量，并做好安全隔离。三是做到加工设备清洁化，直接接触茶叶的设备工具，必须用无毒、无异味、不污染茶叶的材料制成，要避免使用可能产生重金属污染的设施设备。四是做到鲜叶摊放清洁化，尽量使用竹制品或藤制品盛装鲜叶，鲜叶摊青车间应保持整洁和阴凉通风，鲜叶均匀薄摊，不要堆积。五是做到加工工艺清洁化，加工过程必须标准化、连续化，质量安全制度必须科学健全，从业人员必须培训上岗，规范操作，杜绝操作不当导致的质量安全隐患。

（三）茶叶质量检测技术

茶叶质量检测是茶叶质量安全的最后一道关卡，主要包括茶叶原料质量检测和成品茶质量检测。茶叶原料主要指鲜叶、毛茶，抓好原料安全，就是抓好源头安全。而农药残留是茶叶安全的最大隐患，要进行定期和不定期的农残检测，建立农残、常规指标快检室。成品茶在运输、加工、包装等环节受污染的可能性很高，同样要做好农药残留、重金属、微生物、添加剂等多项指标的自检和抽检，质量不合格茶产品不得流入市场。同时，要按照国家食品生产要求，不断改进和提升茶叶加工贮运的环境条件，减少污染风险。

（四）质量安全溯源技术

茶叶质量安全追溯技术是对茶叶从生产到销售各个环节的全链条记录和追查的技术手段，也是一项对茶叶质量安全有效的管理办法。实行全过程记录制度，包括茶叶栽培、加工、销售过程，原料产地、生产日期、保质期、产品认证等内容都要标识，主要的农事活动，比如采摘时间、加工方式等，消费者也可以通过信息二维码进行追溯、查询，既是对茶叶生产过程的了解，也是对质量安全的责任倒查。

第五章
茶叶质量安全
全程控制体系建设

茶叶质量安全既是产出来的，也是管出来的，要从源头抓起，从制度管控。由政府主导，规模主体实施，全面建设七大体系，实现全过程、全产业链控制。

一、产地环境保护体系建设

（一）提升水质

把水质提升作为优化茶叶产地环境的重要手段，形成规划指导、考核引导、规章约束的保障机制。坚持治污先行，防治养殖污染，开展有关水系污染整治；推广洁水养鱼，各类水库、山塘禁止使用化肥和畜禽排泄物养鱼。

（二）净化土壤

开展茶叶土壤环境调查，全面完成区域内茶叶产地土壤重金属污染普查、分级管理、点位设置和监测预警，逐步实现茶叶产地土壤环境动态监控。严格控制新增土壤污染，明确土壤环境保护优先区域，实行严格的土壤保护制度。绘制重点区域土壤重金属污染分布图，开展土壤重金属污染修复示范，分步推进土壤重金属污染修复治理。深化重金属、持久性有机污染物综合防治，加大工业"三废"治理力度，加强对茶叶产地周边重金属污染源的监管，建立覆盖危险废物和污泥产生、贮存、转运及处置的全过程监管体系。

（三）控肥控药

大力推广实施肥药减量控害技术，推进茶叶病虫害专业化统防统治，加强生态调控、物理防治、生物控制等绿色防控技术的集成应用，提高茶叶科学用药和农药安全使用管理水平；大力实施地力提升工程，加快有机肥替代化肥步伐，推广普及测土配方施肥，加强绿肥轮作、水肥一体化技术和新型肥料应用，做到科学精准施肥。

二、农资市场监管体系建设

（一）严格市场准入

把好农资生产经营资格关和市场准入关，严格依法审查农资生产经营主体资质，严格农资品种的审定、登记等许可，落实农药、化肥经营市场准入制度，从源头上严防假冒伪劣农资进入市场。全面清查辖区内各类农资生产经营主体，依法查处无证、无照经营和超范围经营的农资门店。

（二）强化执法监管

坚持集中整治和日常监管相结合，把添加剂、高毒高残留农药和假劣农资作为监管重点，突出重点农时、重点区域、重点对象，加大执法监管和抽样检测力度，严厉查处"非法添加""滥用药物""制假售假"等违法违规案件，切实解决茶叶使用禁用高毒高残留农药突出问题。

（三）落实长效管理

全面落实农资生产经营进销货台账、购销凭证和索证索票制度，开展农资监管和服务信息化建设，确保农资产品来源可查询、去向可追踪，特别是国家明令限制使用的高毒高残留农药，要实行定点经营、专柜销售、实名登记。建立农资违法经营行为有奖举报制度和假劣农资产品曝光制度，动员社会各方面力量积极参与监督，形成全民打假的社会氛围。

三、茶叶标准生产体系建设

（一）科学规划生产布局

全域开展茶叶产地环境监测，建立茶叶产地环境质量动态评价管理制度，根据产地环境变化，适时调整、改善。结合生态茶园建设，突出重点区块，建设精品优势茶园。

（二）严格制定实施标准

按照"有标贯标、无标补标"的原则，结合衢州玉露茶发展的产地环境、质量控制、产品销售等需要，制定衢州玉露茶的生产技术规程、质量分级标准、包装贮运标准等，明确土壤、灌溉用水等产地环境标准，形成配套完善的茶叶质量安全标准综合体系。

例如，2003 年 12 月 9 日，衢江区制定了浙江省地方标准 DB33/T 460.1—2003《无公害玉露茶　第 1 部分：栽培技术》（现已废止）、DB33/T 460.2—2003《无公害玉露茶　第 2 部分：加工》（现已废止）、DB33/T 460.3—2003《无公害玉露茶　第 3 部分：商品茶》（现已废止）；2021 年 5 月 20 日，衢江区制定了衢州市地方标准 DB 3308/ 082—2021《衢州玉露生产技术规范》；2023 年 11 月 24 日，衢江区制定了浙江省绿色农产品协会团体标准 T/ZLX 075—2023《绿色食品　衢州玉露茶生产技术规程》。

（三）加快推进基地建设

建设生态茶园、精品茶园、绿色防控示范基地、高产高效示范区等，发挥龙头企业、家庭农场、农民专业合作社的示范带动作用，推广"龙头＋基地＋农户"模式，建设一批茶叶标准化生产精品示范基地。

四、产品检验检测体系建设

加强检验检测，成立区放心农业服务中心，并实行统一检测计划、统一经费保障、统一信息发布。充分发挥各级检测机构作用，完善以乡镇检测站、市场检测点为基础，生产主体快速检测室为补充的农产品质量安全检测网络。区放心农业服务中心在做好例行检测、专项检测和应急抽检等工作的同时，要指导乡镇、市场和生产主体开展抽检和自检工作，并适时组织抽查。乡镇检测站在做好送检样品免费检测的同时，要结合农时季节和茶叶生产特点，深入基地进行日常巡查、抽检。

五、质量安全溯源体系建设

（一）加强台账管理，使源头可追溯

将茶叶主体，按照龙头企业、示范性家庭农场、一般家庭农场、基地农户梯度要求，严格落实生产档案制度，使茶产品源头安全有据可查。逐步扩大在线监控系统的覆盖范围，全程动态监控茶叶农事操作各个环节，确保按质量安全标准实施到位。

（二）严格环节把控，使流向可追踪

严格落实产地准出制度，对上市的茶叶产品，配备农残速测设备的生产主体要进行自检，基地农户要进行送检；对检测合格的茶叶产品，乡镇检测站要出具农产品产地合格证明，使产地流出环节可追溯。严格落实市场准入制度，对上市交易的茶产品，逐步做到凭农产品产地合格证和标志标识

销售，并加大抽检力度，严厉打击茶产品二次污染行为；对未经产地检测的茶产品进行强制检测，使产品流通环节可追溯。

（三）完善平台建设，使信息可查询

加快政府信息管理系统、主体信息管理系统和终端信息查询系统建设，构建完善的茶叶质量安全追溯信息管理平台，实现茶产品"身份"可识别、可追溯、可查询。

六、生产经营诚信体系建设

（一）以行业自律促进诚信经营

严格落实农业投入品管理使用、茶叶标志标识管理、茶叶生产档案、茶叶质量安全追溯管理、茶叶质量安全承诺书等制度，充分发挥茶叶专业合作社、茶叶行业协会的作用，制定和完善诚信公约，通过交纳保证金、自查和互查等方式，促进行业内部自我监督、互相约束。

（二）以信用评级倒逼诚信经营

建立茶叶质量安全诚信动态管理系统，对取得"三品一标"认证的企业（家庭农场、农民专业合作社），实行信用评价分级管理，落实茶产品质量安全红黑榜制度，形成"鼓励守信、惩戒失信"的制度机制。

（三）以社会监督推动诚信经营

落实茶叶质量安全有奖举报制度，建立健全消费者维权机制和惩罚性赔偿制度，发展群众信息员队伍，构建严密的社会监督网络，使诚信经营转化为茶叶生产经营主体的自觉行动。

七、技术服务支撑体系建设

（一）农技下乡

深化责任农技体系建设，完善农技人员结对帮扶茶叶龙头企业（家庭农场、农民专业合作社）制度，推动农技人员深入田间地头，推广简单易懂的茶叶标准化生产模式图、操作卡和明白纸，指导茶叶主体按规范标准组织生产。

（二）科企合作

搭建科企合作平台，支持茶叶龙头企业、家庭农场、农民专业合作社与科研院校联合开展科技攻关，按照"引进—试验—繁育—示范—推广"的模式，做好茶叶新品种、新技术的引进推广。

（三）多元服务

构建以区乡农技推广机构、农业科研院所为主体，茶业主体、社会化服务组织广泛参与的多元化农技推广服务平台。成立专家服务组，运用专家热线、现场指导、网上互动等多种技术手段，减少因不懂、不会引发的安全隐患。

第六章
衢州玉露茶生产管理措施

衢州玉露茶生产十项管理措施包括规划建园、耕作除草、肥水管理、茶树修剪、鲜叶采运、茶叶加工、包装贮运、病虫害防治、茶叶检测和生产追溯。

一、规划建园

（一）基地选择

（1）土壤呈酸性，pH值4.5～6.5，土层深度在0.6米以上，有机质含量在1.0%以上。

（2）15°以下平缓坡地直接开垦，翻垦深度50厘米以上；15°以上坡地，按等高水平线筑梯地，梯面宽应在1.5米以上。

（3）茶园四周营造防护林，与主干公路、农田等的边界应设立缓冲带、隔离带、林带或物理障碍区。

（4）根据茶园面积大小和地理位置等，建设合适数量的蓄水池，或安装相应的喷滴灌设备。

（二）品种选择

种苗应采用鸠坑种及白叶一号、龙井43等适制茶树良种，并注意早、中、晚品种的合理搭配。苗木的质量要求应符合 GB 11767—2003《茶树种苗》中的规定。

（三）定植

1. 时间

春季定植为 1 月下旬至 2 月下旬。秋季定植为 10 月下旬至 11 月下旬。

2. 密度

单条播，行距 150 厘米，株距 30 厘米，每丛茶苗 2 株，每公顷苗数 4.5 万～ 5 万株。双条播，大行距 150 厘米，小行距 40 厘米，株距 30 厘米，每丛茶苗 2 株，每公顷基本苗数 7 万～ 9 万株。

3. 底肥

茶行确定后，按茶行开种植沟，深 50 厘米，宽 50 ～ 80 厘米，种植沟内施足以有机肥为主的底肥，每亩施栏肥、绿肥 3000 ～ 5000 千克、商品有机肥 2000 ～ 2500 千克，或饼肥 200 ～ 350 千克，加复合肥或复混肥 50 ～ 100 千克，施后覆土。

4. 栽植方法

栽植茶苗时，填土压实，浇足"定根水"。移栽定植后及时铺草覆盖，防旱保苗。定期检查成活情况，发现缺株，适时补齐。

二、耕作除草

根据茶园实际情况，一般耕作分三次进行，与除草同步进行，以节省劳力。

第一次在春茶前进行浅耕，深度 5～10 厘米。浅耕可以减少土地板结、清除杂草、改善通气性、增加根系吸收能力。

第二次在春茶采制结束后夏茶前进行中耕，深度 10～15 厘米。中耕可以改善土壤通气性和保水性，有利于茶树的生长发育。

第三次在秋末冬初 10 月下旬至 11 月进行深耕，深度 15～20 厘米。深耕可改良土壤理化性状，扩大容肥、蓄水能力，增强根系吸收能力。

三、肥水管理

（一）施肥

1. 施肥原则

参照当地常年平均产量制定合理的目标产量，根据产地土壤供肥能力和作物需肥规律确定合理的施肥总量与施肥方法。

2. 施肥安排

施肥一般与耕作结合，分三次进行：第一次在春茶前2月进行；第二次在春茶后5月进行；第三次在秋末冬初10月下旬至11月进行。

3. 方法与用量

（1）根据土壤理化性质、茶树长势、预计产量、制茶类型和气候等条件，确定合理的肥料种类、数量和施肥时间，实施茶园测土平衡施肥，基肥和追肥配合施用。一般成龄采摘茶园全年每亩氮肥（按纯氮计）用量 20～30 千克、磷肥（按 P_2O_5 计）4～6 千克、钾肥（按 K_2O 计）6～10 千克。

（2）宜多施有机肥料，化学肥料与有机肥料应配合使用，避免单纯使用化学肥料和矿物源肥料。

（3）茶园使用的有机肥料、复混肥料（复合肥料）、有机－无机复混肥料、微生物肥料应符合 NY/T 394—2023《绿色食品 肥料使用准则》的规定；农家肥施用前应经渥（沤）堆等无害化处理。

（4）基肥于当年秋季采摘结束后施用，有机肥与化肥配合施用。平地和宽幅梯级茶园在茶行中间、坡地和窄幅梯级茶园于上坡位置或内侧方向开沟深施，深度 20 厘米以上，施肥后及时覆土。一般每亩基肥施用量（按纯氮计）6～12 千克，占全年的 30%～40%。根据土壤条件，配合施用磷肥、钾肥和其他所需营养。

（5）追肥结合茶树生育规律进行，时间在各季茶叶开采前 20～40 天施用，以化肥为主，开沟施入，沟深 10 厘米左右，施肥后及时盖土。追肥氮肥施用量（按纯氮计）每次每亩不超过 15 千克。

（二）水分管理

1. 水分管理要求

茶树喜水又怕湿，对水分高低的反应较敏感。土壤水分对茶树生长的影响见表6-1，茶树生长期要求土壤相对含水量为70%～90%。

表6-1 土壤水分对茶树生长的影响

土壤含水状况	相对含水量/%	茶树表现	症状
过低	＜70	旱害	幼叶萎蔫、叶片泛红、出现焦斑，继而枯焦落叶、成叶变黄绿、淡红干脆，自上而下枯死
适中	70～90	正常	生长旺盛
过高	＞90	湿害	分枝少、叶片稀、生长缓慢，枝条发白、叶色转黄、落叶，树冠矮小多病，逐渐枯死

2. 旱害预防

幼龄茶园应采取浅锄保水、培土护蔸、追施粪肥、灌水、种植绿肥等措施，抗旱保苗。成龄茶园通过深翻培土、铺草、灌溉、浅耕等办法保持土壤水分。

3. 湿害预防

低洼积水茶园，应完善排水沟系统。每隔5～8行茶树开一条排水沟，沟应狭而深，沟底宽10～20厘米，沟深60～80厘米，排水沟应横纵连通，使积水易于排出。

四、茶树修剪

（一）定型修剪

定型修剪分三次完成：第一次在茶苗移栽定植时进行，第二次在栽后翌年 2 月中下旬进行，第三次在定植后第三年 2 月下旬至 3 月上旬或春茶后进行。

修剪高度与方法：第一次在离地 15 ～ 20 厘米处用整枝剪剪去主枝，第二次在离地 30 ～ 40 厘米或上年剪口上提高 10 ～ 15 厘米处修剪，第三次在离地 45 ～ 50 厘米处，要求剪口平整光滑。

（二）轻修剪

轻修剪每年可进行 1 ～ 2 次，用篱剪或修剪机剪去成龄茶园树冠面上突出枝条，时间宜在春茶后 5 月上中旬、秋末

10 月下旬至 11 月中旬进行。

（三）深修剪

深修剪宜在春茶结束后进行，剪去树冠面上 10 ～ 15 厘米深的"鸡爪枝"，恢复树势。

（四）重修剪

重修剪宜在春茶后或晚秋进行，将衰老茶树地上部分的枝条剪去 1/3 ～ 1/2，重新培育树冠，恢复茶树健壮。

（五）台刈

将老茶树地上部分枝条在离地 5 ～ 10 厘米处全部刈去，重新全面塑造树冠。在晚秋、早春或春茶后进行，要求切口平滑、倾斜。

五、鲜叶采运

（一）鲜叶质量

鲜叶质量的基本要求：单芽至一芽三叶初展。衢州玉露茶鲜叶质量分四个等级，如表 6-2 所示。

表 6-2 衢州玉露茶鲜叶质量分级

级别	质量要求
特级	一芽一叶占 70% 以上，芽叶匀净新鲜，不含紫芽、病虫芽叶、对夹叶、鱼叶、鳞片、茶蒂等
一级	一芽一叶占 60% 以上，芽叶匀净新鲜，不含紫芽、病虫芽叶、对夹叶、鱼叶、鳞片、茶蒂等
二级	一芽二叶占 70% 以上，芽叶匀净新鲜，不含紫芽、病虫芽叶、对夹叶、鱼叶、鳞片、茶蒂等
三级	一芽二叶占 40% 以上，芽叶匀净新鲜，不含紫芽、病虫芽叶、对夹叶、鱼叶、鳞片、茶蒂等

（二）鲜叶采摘

鲜叶应按要求分级分批采摘，先发先采，按标准采，采大留小，不采雨水叶、紫芽叶、病虫叶，不带茶蒂。

（三）鲜叶运输

鲜叶运输时，应用清洁、透气良好的篮、篓进行盛装，轻放、轻翻，不宜紧压，不宜用塑料袋、编织袋等不通气的容器盛装，防止发热红变。运输工具应清洁卫生，避免日晒雨淋，不得与有异味、有毒的物品混装。鲜叶采摘后4小时内应送到加工厂。

六、茶叶加工

衢州玉露茶加工工艺流程：摊青→杀青→揉捻→循环滚炒→回潮→烘焙→分筛整理。

（一）摊青

（1）鲜叶摊青作业在摊青间进行，摊青间应清洁卫生，空气流通，无异味。

（2）进入加工车间的鲜叶，应立即摊青，摊青厚度3厘米以下。

（3）不同等级、不同品种的鲜叶要分别摊青，有表面水的鲜叶单独摊青，上、下午鲜叶分开摊青，分别付制。

（4）摊青时间以4～6小时为佳，最多不超过10小时。摊青过程中要适当翻叶散热，轻翻、翻匀，减少机械损伤。

（二）杀青

（1）可用 60 型至 110 型滚筒连续杀青机杀青，投叶量根据设备要求而定。

（2）杀青时间与程度。开机运转以后，点火烧炉，时间视筒内温度和鲜叶摊放时间而定。当炉温达到 200 ～ 250℃时，再投放鲜叶，鲜叶按量连续均匀投放，时刻观察炉温和杀出的青叶情况，合理调节炉温，时间不超过 2 分钟，杀青叶失重率 35% ～ 40%。做到"嫩叶老杀，老叶嫩杀"，杀青叶色泽由翠绿转为暗绿，失去光泽，叶质柔软，青草气散失，散发清香，芽软略有黏性，稍有弹性，折梗不断时为杀青适度，杀青叶出炉后适当摊放快速冷却，使杀青叶水分散布均匀。

（三）揉捻

揉捻机采用轻压与重压适时调整，细胞破坏率 80% 左右，碎茶率（8 孔以下筛末茶）不超过 3%。

（四）循环滚炒

（1）杀青机炉温 200℃时上叶，时间 3 ～ 5 分钟；二青叶稍有触手感，手捏不成团，松手即散，含水量 40% 以下时出叶。

（2）温度控制在 100 ～ 120℃，时间 20 ～ 30 分钟，待条索卷曲，有明显触手感，白毫显露，含水率降至 20% 左右。

（五）回潮

做形完成后厚堆 1 ～ 2 小时，使梗上水分转移到叶上。

（六）烘焙

茶箱式烘焙机烘焙，分两次焙干，时间 15 分钟。第一次烘干机进风口温度 90 ～ 100℃时上叶，均匀薄摊，厚度 3 ～ 4 厘米，时间 8 ～ 10 分钟。第二次烘干机进风口温度 90 ～ 100℃，时间 5 ～ 7 分钟，至足干时下烘。

（七）分筛整理

用相应的号筛进行筛分，并结合簸、拣等方法割去碎末，簸去黄片，拣梗剔杂，分级归堆、包装。

七、包装贮运

（一）包装

（1）包装应符合牢固、整洁、防潮、美观的要求。茶叶包装材料符合食品卫生要求，应符合 NY/T 658—2015《绿色食品　通用包装》的规定；单件定量包装的净含量负偏差应符合 JJF 1070—2023《定量包装商品净含量计量检验规则》的规定。预包装茶叶应符合 GB 23350—2021《限制商品过度包装要求　食品和化妆品》的规定。

（二）贮存与保鲜

1. 仓库要求

仓库要求清洁、无异味，保持干燥，宜配有降温装置。

2. 仓库管理

（1）茶叶堆放应整齐有序、堆放高度视容器耐压情况分层堆放。

（2）仓库内宜长期保持温度 10℃以下，相对湿度 50% 以下，定期检查贮存情况，库房温度每天检查 1 次，库房内茶叶品质定期检查。

（三）运输

（1）运输工具应清洁卫生，干燥无异味，不应与有毒、有害、有异味、易污染的物品混装、混运，按 NY/T 1056—2021《绿色食品　贮藏运输准则》的规定执行。

（2）运输时应稳固、防雨、防潮、防暴晒。装卸时应轻装轻卸，防止挤压、碰撞。

八、病虫害防治

（一）防治原则

（1）以保持和优化农业生态系统为基础，建立有利于各类天敌繁衍和不利于病虫草害滋生的环境条件，提高生物多样性，维持农业生态系统的平衡。

（2）优先采用农业措施，如抗病虫品种、种苗检疫、培育壮苗、加强栽培管理、中耕除草、耕翻晒土、清洁茶园、间作套种等。

（3）尽量利用物理和生物措施，如用灯光、色泽诱杀害虫，机械捕捉害虫，释放害虫天敌，机械或人工除草等。

（4）必要时，合理使用低风险农药，如没有足够有效的农业、物理和生物措施，在确保人员、产品和环境安全的前提下按照有关用药规定，配合使用低风险的农药。

（二）农业防治

（1）从国外或外地引种时，必须进行植物检疫，不得将当地尚未发生的危险性病虫随种子或苗木带入。

（2）选用抗病虫、抗逆性强、适应性广和高产优质的茶树品种，注意品种合理搭配种植，重施有机肥、生物肥，提高茶树抗病虫能力。

（3）分批多次采茶，摘除小绿叶蝉、茶蚜、螨类、茶白星病等危害芽叶的病虫，抑制其种群发展。

（4）合理修剪、疏枝，剪去病虫枝条、茶丛下部过密枝条，保持茶园通风透光，抑制茶园茶煤病、粉虱、蚧类等病虫害。及时清除病虫枝，集中处理，减少病虫源。

（5）秋末深翻茶园土壤，将表土越冬的害虫虫蛹（尺蠖类、刺蛾类等）、螨类等病原物深埋入土，同时将深土层越冬的害虫如地老虎、象甲等暴露在土表，降低土壤中越冬害虫的种群密度。

（6）秋冬季将茶园中的枯枝落叶及根际表土清理至行间深埋，可有效防治叶部病害及表土中越冬的害虫。同时，实施封园，封园可用0.5波美度的石硫合剂或0.6%～1.0%石灰半量式波尔多液。

（7）采取合理有效的肥水管理措施。施肥应以充分腐熟的有机肥为主，要做到氮磷钾合理配置，提高茶树抗病虫害能力。同时，注意防旱防涝，茶园做好排水。

（8）在茶园周边种植防护林、茶园合理间种遮阴树改善茶园环境，保持茶园生物多样性，发挥茶园的自然调控能力。

（三）物理防治

（1）人工捕杀茶毛虫、茶尺蠖、茶蓑蛾、茶丽纹象甲等具有群集性、移动慢或假死特点的害虫。

（2）利用害虫的趋性，采用频振式杀虫灯诱杀，每公顷挂 1 盏；用黄色、蓝色等粘虫色板诱杀，每公顷悬挂300 ～ 375 块；用糖醋诱杀地老虎和白蚁等。

（四）生物防治

（1）保护和利用当地茶园中的草蛉、瓢虫和寄生蜂等天敌昆虫，以及蜘蛛、捕食螨、蜥蜴和鸟类等有益生物，减少人为因素对天敌的伤害。

（2）允许有条件地使用生物源农药，如微生物源农药、植物源农药和动物源农药。

（五）药剂防治

茶园使用的药剂必须符合 NY/T 393—2020《绿色食品 农药使用准则》规定的要求，茶园允许使用的农药及其使用方法见附录 2。

（六）主要病害防治

主要病害有茶炭疽病、茶煤病、茶芽枯病、茶白星病、茶云纹叶枯病、茶饼病、轮斑病等。可选择喷施微生物源或植物源杀菌剂进行病害防治，如喷施 10% 多抗霉素可湿性粉剂 600 ～ 1000 倍液可防治茶云纹叶枯病、茶炭疽病、茶芽枯病、茶白星病、茶饼病、轮斑病等。常年发病的茶园，冬季封园时可用 0.5 波美度的石硫合剂或 0.6% ～ 1.0% 石灰半量式波尔多液进行防治。

（七）主要虫害防治

1. 假眼小绿叶蝉

5—6 月、8—9 月若虫盛发期，百叶虫口夏茶 5 ～ 6 头、秋茶 ≥ 10 头时防治。可用 2.5% 鱼藤酮 300 ～ 500 倍液或50 亿～ 70 亿个孢子的白僵菌制剂 50 ～ 70 倍液喷雾防治，安全间隔期 5 天。常年发病的茶园，冬季封园时可喷施 0.5

波美度的石硫合剂进行防治。

2. 茶橙瘿螨

在 5 月中下旬、8—9 月个别枝条有为害状的点片发生，叶子变红暗时防治。非采摘期用 45% 石硫合剂晶体 200 ～ 300 倍液喷雾防治，安全间隔期 25 天。

3. 茶蓟马

在春茶结束后第 1 个发生高峰到来前，每百叶虫口数 100 头以上，虫梢率大于 40% 时，用白僵菌 50 ～ 70 倍液，苏云金杆菌 500 ～ 800 倍液进行喷雾防治；发生严重的茶园可在秋茶结束后喷施石硫合剂封园，安全间隔期 25 天。

九、茶叶检测

　　衢州玉露茶应进行质量检测，自检和他检结合，农药残留、重金属及其他各项指标符合国家标准后方可上市销售，不合格产品不得流入市场，质量监督检测部门不定期开展巡查、抽检。

十、生产追溯

衢州玉露茶生产过程必须建立农事档案，记录茶叶产地、茶树品种、投入品购买及使用情况、采摘日期、加工时间、检测记录、从业人员、联系电话等内容，建立茶叶信息管理系统，实现茶叶生产信息可查询、可追溯。

第七章

茶叶生产投入品和
废弃物管理

茶叶生产投入品管理包括投入品采购、保管和使用。
废弃物管理应做好废弃物收集和废弃物处理利用。

一、投入品管理

（一）投入品采购

茶叶投入品的采购是整个投入品管理的起始环节，必须严格把关。要选择有资质的经营者购买农资产品，采购时应重点关注包装是否完好，标签是否完整，有无合格证、生产日期、保质期、产品标准号及使用说明书等，并索取、留存好购物凭证。所有采购的物品都应符合国家及行业的相关标准，确保质量可靠、安全。

（二）投入品保管

采购的投入品在入库前应进行验收，检查投入品的规格、数量以及安全性能等，并建立投入品档案，对农药、肥料等的生产厂家、采购日期、保质期、用途等进行记录，并清楚其储存要求，按照其特性进行分类储存，确保其在储存过程中不受损害。储存环境应保持干燥、通风良好，并定期进行检查，防止虫害、霉变等问题发生。对于有特殊储存要求的物品，应严格按照规定进行保管。

（三）投入品使用

要加强投入品管理和使用的培训，降低投入品的管理和使用风险。应根据茶叶的生长周期和病虫害发生规律，制订合理的农药和肥料使用计划，避免过度使用或使用不足的情况发生。在投入品使用前，必须仔细阅读使用说明，熟知其适用范围、禁忌事项和正确的使用方法，严格按照说明书要求操作，避免不当使用。同时，应建立详细的使用记录，内容包括投入品的名称、数量、使用日期、使用人员及使用过程中出现的问题等信息，以便于问题追溯和改进。

二、废弃物管理

茶叶生产废弃物主要包括茶园管理过程中产生的农药空瓶、化肥袋子、农膜等，茶叶加工过程中产生的茶渣、茶末等，以及茶树修剪作业产生的枝条、落叶等。

做好茶叶废弃物管理，主要应做好两方面工作。一是废弃物收集。对茶叶生产废弃物进行分类收集，在茶园内或茶叶加工厂附近设立废弃物收集点，便于废弃物的集中存放，并根据废弃物的分类，将不同种类的废弃物分别存放，避免混杂，还需定期对废弃物进行清理，保持茶园的整洁和卫生。二是废弃物处理利用。对于茶叶生产废弃物的处理，应遵循减量化、资源化、无害化的原则。例如，对塑料瓶、塑料袋，可以按垃圾分类回收；对剩余农药或者过期农药，要进行无害化处理，不得随意丢弃；对茶渣、枝叶等，可以用于有机肥料的生产或者进行堆肥处理、土壤改良等，实现资源化利用。

第八章
茶叶质量认证

茶叶质量认证包括绿色食品、有机产品和农产品地理标志等。2020 年，衢州玉露茶通过农业农村部核准登记，按照农业农村部关于农产品地理标志使用的有关规定，衢江区对衢州玉露茶地理标志的使用做出具体规定。

一、绿色食品

　　绿色食品指产自优良生态环境、按照绿色食品标准生产、实行全程质量控制并获得绿色食品标志使用权的安全、优质食用农产品，图 8-1 为绿色食品标志。

图 8-1　绿色食品标志

二、有机产品

有机产品指生产、加工、销售过程符合中国有机产品国家标准，获得有机产品认证证书，并加施中国有机产品认证标志的供人类消费、动物食用的产品。有机食品是有机产品的一类，图 8-2 为有机产品标志。

图 8-2　有机产品标志

三、农产品地理标志

农产品地理标志指标示农产品来源于特定地域，产品品质和相关特征主要取决于自然生态环境和历史人文因素，并以地域名称冠名的特有农产品标志。图8-3为农产品地理标志。

图8-3　农产品地理标志

2020 年，衢州玉露茶通过农业农村部核准登记，允许在农产品或农产品包装物上使用农产品地理标志公共标识。图 8-4 为衢州玉露茶农产品地理标志登记证书。

图 8-4　衢州玉露茶农产品地理标志登记证书

按照农业农村部关于农产品地理标志使用的有关规定，衢江区对衢州玉露茶地理标志的使用做了如下规定。

衢州玉露茶农产品地理标志登记持有人为衢州市衢江区农业技术推广中心。凡在标志范围内生产经营的衢州玉露茶，并按照衢州玉露茶生产控制技术规范种植的基地（户），在产品和包装上使用衢州玉露茶地理标志，须向登记证书持有人提出申请，并签订相关合同，按照相关要求规范生产和使用标志，统一采用产品名称和农产品地理标志公共标识相结合的标识标注方法。

县级以上人民政府农业行政主管部门对衢州玉露茶地理标志负有监督管理职能，定期对登记的衢州玉露茶地理标志的地域范围、标志使用等进行监督检查。鼓励单位和个人对衢州玉露茶地理标志使用进行社会监督。使用本地理标志的生产经营者，对产品的质量和信誉负责，不得擅自扩大使用范围。同时规定，不得买卖、转让加贴型标志。如果有证据证明存在下列情况，登记持有人有权对使用人违规的行为视情节轻重，提出暂停使用、终止协议等处置意见，或依照《中华人民共和国农产品质量安全法》等有关规定进行处罚。

（1）生产经营的农产品品质下降或者不符合农产品质量安全标准要求。

（2）使用相似文字图案或者其组合，造成消费误导。

（3）未按照要求建立标志使用记录，拒绝接受登记证书持有人和各级农产品地理标志工作机构监督检查。

截至目前，衢州玉露茶建立有机茶、绿色食品生产基地23个，面积4673亩，全域绿色食品监测面积16645亩；衢州玉露茶农产品地理标志授权主体20家，核心区茶园面积4100亩，辐射区面积约1万亩。

第九章
衢江区茶产区
分布与规模主体

衢江区茶产区主要分布于衢北、衢南和衢东三个茶区。本章重点介绍衢江区 25 家茶叶规模主体情况。

一、产区分布

　　衢江区 18 个乡镇 1 个办事处，共计 244 个行政村种植茶叶，全产业链人数近 2 万人。现有茶叶加工厂 46 个，其中规模化茶厂（年产量 50 吨以上）22 个，生产许可证加工企业 10 个、出口茶叶备案基地 2 个，茶叶种植面积 30 亩以上的农民茶叶专业合作社、家庭农场、茶叶生产主体 46 个，茶机、茶具企业 10 余个。

　　产区主要分布于衢北、衢南和衢东三个茶区。一是南部乌溪江库区生态茶产区，包括岭洋乡、举村乡、湖南镇、黄坛口乡，茶园面积 14000 亩，主产扁形茶类和针形茶、毛峰类茶。该区域山清水秀、光热充足、生态环境得天独厚，生产生态有机茶优势明显。二是北部千里岗山区高山茶产区，包括上方镇、灰坪乡、太真乡、双桥乡、峡川镇、杜泽镇等，茶园面积 13000 亩，主产扁形茶类。该茶区山高雾重、植被丰富、自然条件良好，生产名优茶优势明显。三是中部丘陵地区优质茶产区，包括大洲镇、全旺镇、莲花镇、云溪乡、高家镇、横路办事处、廿里镇等，茶园面积 6000 亩，主产卷曲形茶和毛峰类茶。该茶区以丘陵缓坡地为主，土层深厚、光热充足、茶园立地条件良好。

二、规模主体

衢江区部分茶叶规模主体信息如表 9-1 所示。

表 9-1 衢江区部分茶叶规模主体信息

序号	乡镇	主体名称	产品种类	面积/亩
1	上方镇	衢江区强森家庭农场	白茶、黄茶	230
2		衢江区季方家庭农场	绿茶、白茶	120
3		衢江区天门山家庭农场	白茶、黄茶	150
4		衢江区五尖锋家庭农场	白茶、黄茶	160
5		衢江区甫云家庭农场	白茶、黄茶	150
6		衢江区功文家庭农场	白茶、黄茶	220
7		衢江区柳佳家庭农场	白茶、黄茶	150
8		衢江区杜雯家庭农场	白茶	114
9		衢江区戏台形家庭农场	白茶	100
10		衢江区界头家庭农场	白茶	90
11	峡川镇	衢江区破塘坞自然村茶园	白茶、黄茶	150

序号	乡镇	主体名称	产品种类	面积/亩
12	杜泽镇	衢江区有土家庭农场	绿茶	100
13	云溪乡	衢江区胡伟伟茶园	热风片、蒸青片	900
14		衢江区茗特家庭农场	绿茶（香茶）、白茶、黄茶	330
15	莲花镇	衢江区青萍家庭农场	绿茶（香茶）、白茶、红茶	150
16	全旺镇	衢江区周氏家庭农场	绿茶（香茶）、白茶、黄茶	380
17		衢江区胡氏家庭农场	绿茶（香茶）、白茶、红茶	380
18		衢江区茶语家庭农场	绿茶、红茶	168
19		衢江区文泉家庭农场	绿茶（香茶）、白茶、黄茶	71
20	湖南镇	衢州市砚池茶叶有限公司	绿茶（香茶）、白茶、花茶、普洱茶、袋泡茶	1300
21	举村乡	衢江区严峻家庭农场	绿茶、红茶	300
22		衢江区举村乡蓝涂家庭农场	绿茶（香茶）、白茶、黄茶	248
23	岭洋乡	衢州市大山茶叶有限公司	绿茶（香茶）、红茶	365
24		衢江区松贤家庭农场	绿茶（香茶）	220
25		衢江区龙珠茶叶专业合作社	绿茶（香茶）、黄茶	200

（一）衢江区强森家庭农场

　　衢江区强森家庭农场是一家从事茶叶生产、加工、销售等业务的单位，成立于 2013 年 10 月，茶叶基地面积 230 亩，位于上方镇金杨村。茶叶品种有白叶一号、黄金芽，生产白茶、黄茶。

（二）衢江区季方家庭农场

衢江区季方家庭农场是一家从事茶叶生产、加工、销售等业务的单位，成立于 2011 年 10 月，茶叶基地面积 120 亩，位于上方镇金杨村。茶叶品种有白叶一号，生产白茶。

（三）衢江区天门山家庭农场

衢江区天门山家庭农场是一家从事茶叶生产、加工、销售等业务的单位，成立于 2016 年 12 月，茶叶基地面积 150 亩，位于上方镇金杨村。茶叶品种有白茶一号、龙井 43，生产白茶、绿茶。

（四）衢江区五尖锋家庭农场

衢江区五尖锋家庭农场是一家从事茶叶生产、加工、销售等业务的单位，成立于 2016 年 12 月，茶叶基地面积 160 亩，位于上方镇金杨村。茶叶品种有白叶一号、黄金芽，生产白茶、黄茶。在 2022 年衢江区名优茶斗茶比赛中获得银奖。

（五）衢江区甫云家庭农场

　　衢江区甫云家庭农场是一家从事茶叶生产、加工、销售等业务的单位，成立于 2017 年 6 月，茶叶基地面积 150 亩，位于上方镇金坑村。茶叶品种有白叶一号、黄金芽，生产白茶、黄茶。在 2023 年衢州首届斗茶大赛中获得金奖。

（六）衢江区功文家庭农场

衢江区功文家庭农场是一家从事茶叶生产、加工、销售等业务的单位，成立于2016年3月，茶叶基地面积220亩，位于上方镇金杨村。茶叶品种有白叶一号、黄金芽、金镶玉，生产茶叶品类白茶、黄茶。在2022年衢江区名优茶斗茶比赛中获得铜奖。

（七）衢江区柳佳家庭农场

衢江区柳佳家庭农场是一家从事茶叶生产、加工、销售等业务的单位，成立于2019年6月，茶叶基地面积150亩，位于上方镇金杨村。茶叶品种有白茶一号、黄金叶、黄金芽，生产白茶、黄茶。

（八）衢江区杜雯家庭农场

衢江区杜雯家庭农场是一家从事茶叶生产、加工、销售等业务的单位，成立于 2017 年 6 月，茶叶基地面积 114 亩，位于上方镇金杨村江坞。茶叶品种有白茶一号，生产白茶。

（九）衢江区戏台形家庭农场

衢江区戏台形家庭农场是一家从事茶叶生产、加工、销售等业务的单位，成立于 2017 年 6 月，茶叶基地面积 100 亩，位于上方镇上龙村。茶叶品种有白叶一号，生产白茶。

（十）衢江区界头家庭农场

衢江区界头家庭农场是一家从事茶叶生产、加工、销售等业务的单位，成立于2017年6月，茶叶基地面积90亩，位于上方镇苦竹坑村。茶叶品种有白茶一号，生产白茶。

（十一）衢江区破塘坞自然村茶园

衢江区破塘坞自然村茶园是一家从事茶叶生产、加工、销售等业务的单位，于2012年2月筹建，茶园面积150亩，位于峡川镇大理村破塘坞自然村。茶叶品种有黄茶、白茶等，主要生产绿茶。

（十二）衢江区有土家庭农场

衢江区有土家庭农场是一家集茶叶生产、加工、销售等业务的单位，成立于 2016 年 7 月，茶园面积 100 亩，位于杜泽镇下溪村。茶叶品种有龙井 43、白茶等，主要生产绿茶。

（十三）衢江区胡伟伟茶场

　　衢江区胡伟伟茶场是 2020 年从国营单位租赁的农场，农场从事茶叶生产、加工、销售等业务，租赁面积 900 亩。茶叶品种是鸠坑种，生产热风片、蒸青片等茶产品。

（十四）衢江区茗特家庭农场

衢江区茗特家庭农场是一家集茶叶生产、加工、销售等业务的单位，成立于 2014 年 1 月，茶园面积 330 亩，位于云溪乡锦桥村。茶叶品种有龙井 43、黄茶、乌牛早、白茶等，主要生产绿茶（香茶）、白茶、黄茶。在 2023 年衢州首届斗茶大赛中获得金奖。

（十五）衢江区青萍家庭农场

衢江区青萍家庭农场是一家集茶叶生产、加工、销售等专业性农场，成立于 2005 年 1 月，茶园面积 150 亩，位于莲花镇桥丰村。茶叶品种有龙井 43、安吉白茶、乌牛早等。现有加工厂房 1000 平方米，配置有扁茶、条茶、香茶、红茶 4 条生产线。主要产品香茶及部分扁茶、白茶、红茶，注册"蒂如丁香"品牌，2017 年被列为衢江区茶叶机采试验示范基地。茶厂通过 SC 认证生产许可和绿色食品认证，在 2023 年衢州首届斗茶大赛中获得银奖。

（十六）衢江区周氏家庭农场

衢江区周氏家庭农场是一家经营茶叶种植、加工、销售等业务的单位，成立于 2013 年 4 月，茶叶基地面积 380 亩，位于全旺镇黄毛畈村。茶叶品种有龙井 43、白茶、黄茶、浙农 117、小叶福鼎等，生产绿茶（香茶）、白茶、黄茶等。农场采用机械化生产、自动化加工，通过 SC 生产许可和绿色食品认证。注册"大坪埂"商标。

（十七）衢江区胡氏家庭农场

衢江区胡氏家庭农场是一家从事茶叶生产、加工、销售的单位。2010年3月创建，位于全旺镇虹桥村，现有省级生态茶园380亩，目前种植茶叶品种有鸠坑种、乌牛早、龙井43、白茶、黄金芽等，生产茶叶品类有绿茶，白茶、红茶。注册"凉茗"商标。通过SC生产许可和绿色食品认证。拥有清洁化加工厂房3000平方米，茶叶自动化生产线3条。现有固定员工10人。遵循"园区化、标准化、产业化、集约化"的现代农业发展理念，产品获得2021年、2022年浙江省茶业博览会优质奖。

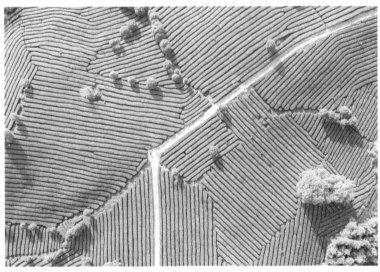

（十八）衢江区茶语家庭农场

衢江区茶语家庭农场是一家集茶叶生产、加工、销售等业务的单位，成立于2022年5月，茶园面积168亩，位于全旺镇岩头村。茶叶品种有龙井43、黄金叶、小叶福鼎、鸠坑种等，生产绿茶、红茶。

（十九）衢江区文泉家庭农场

衢江区文泉家庭农场是一家专门从事茶叶种植、加工、销售的专业性农场，创建于 2005 年，现有茶园面积 71 亩，位于全旺镇官山底村。主栽品种龙井 43、安吉白茶、黄茶。加工厂房 620 平方米，配备扁茶、条茶、香茶 3 条生产线。茶品有绿茶（香茶）、白茶、黄茶。该农场于 2018 年通过 SC 认证，在 2018 年衢江区名优茶比赛中获得金奖，在 2020 年衢州市红茶加工技能比赛中获得三等奖。

（二十）衢州市砚池茶叶有限公司

衢州市砚池茶叶有限公司是集生产、加工、销售、出口于一体企业，成立于 2016 年，坐落于国家一级水源保护区乌溪江库区湖南镇破石村。厂区面积 3500 多平方米，加工车间面积 2000 多平方米，茶园基地有 1300 多亩。公司坚持秉承传统百年品质、坚守绿色生态、传统健康的生产法则，以质量第一、客户至上、诚信为本的理念服务于消费者。该公司拥有清洁化、智能化加工生产线，注册"仙霞湖"商标，主要产品有红茶、绿茶、花茶、普洱茶及袋泡茶等。产品出口美国、加拿大、东南亚、中东等地。

（二十一）衢江区严峻家庭农场

衢江区严峻家庭农场是集生产、加工、销售和出口于一体农业企业，成立于 2022 年 1 月，年产 20 吨优质茶叶。位于人杰地灵、天蓝水清、人勤物丰的乌溪江库区举村乡龙头坑村，海拔 350～650 米，气候温暖湿润，出产高山云雾茶。农场充分利用高山生态资源优势，主产茶区 300 亩，其中 100 亩为百年老茶园，产品原料辐射面积达 600 多亩。有1000 余平方米智能化、清洁化生产厂房，以实验室的方式成立衢江区首家负压制茶车间，实现茶叶的自动投料、炒制、理条等工序，打造"乌溪江天露"品牌高山生态茶。产品有绿茶、红茶、黄茶，并与高等院校、科研院所合作开发陈皮红茶、养生茶等系列产品，以多门类茶产品满足消费者多元化需求。目前，该农场致力于种好茶、制精茶、卖放心茶，打响"乌溪江天露"品牌，助力农民增收，壮大村集体经济，努力实现"绿水青山"变"金山银山"。

（二十二）衢江区举村乡蓝涂家庭农场

　　衢江区举村乡蓝涂家庭农场是一家从事茶叶生产、加工、销售等业务的单位，成立于 2014 年 11 月，茶叶基地面积 248 亩，位于举村乡翁源村。茶叶品种有鸠坑、白茶、龙井 43、黄金芽等，主要生产绿茶。注册"举村"商标。通过 SC 生产许可。在 2022 年衢江区名优茶斗茶（香茶）比赛中获得金奖。

（二十三）衢州市大山茶叶有限公司

衢州市大山茶叶有限公司是一家集茶叶生产、加工、销售等业务的企业，茶园面积 365 亩，位于岭洋乡抱珠龙村，衢州玉露茶发源地。茶叶品种有龙井 43、鸠坑种等，生产绿茶、红茶。通过 SC 生产许可和绿色食品认证，注册"大山"品牌。在 2023 年衢州首届斗茶大赛中获得银奖，并多次获浙江省农业博览会金奖。

（二十四）衢江区松贤家庭农场

衢江区松贤家庭农场是一家经营茶叶种植、加工、销售等业务的单位，成立于 2017 年 8 月，茶叶基地面积 220 亩，位于岭洋乡大日畈村。主要品种有鸠坑种等，生产绿茶。

（二十五）衢江区龙珠茶叶专业合作社

衢江区龙珠茶叶专业合作社位于岭洋乡抱珠龙村，乌溪江湿地公园区域内，风景秀丽、水质资源丰富，适宜于茶树生长，现有茶园面积 200 余亩，品种有白茶、黄茶、鸠坑老树茶等，主要生产绿茶、红茶。

附 录

附录 1　茶园允许使用的肥料

分类	名称	简介
农家肥料	堆肥	以各类秸秆、落叶、人畜粪便堆制而成
	沤肥	堆肥的原料在淹水条件下进行发酵而成
	家畜粪尿	猪、鸡、鸭等畜禽的排泄物
	厩肥	猪、鸡、鸭等畜禽的粪尿与秸秆垫料堆成
	绿肥	栽培或野生的绿色植物体
	沼气肥	沼气池中的液体或残渣
	秸秆	作物秸秆
	泥肥	未经污染的河泥、塘泥、沟泥等
	饼肥	菜籽饼、棉籽饼、芝麻饼、花生饼等
商品肥料	商品有机肥	以动植物残体、排泄物等为原料加工而成
	腐植酸类肥料	泥炭、褐炭、风化煤等含腐植酸类物质的肥料
	微生物肥料	
	根瘤菌肥料	能在豆科作物上形成根瘤菌的肥料
	固氮菌肥料	含有自生固氮菌、联合固氮菌的肥料
	磷细菌肥料	含有磷细菌、解磷真菌、菌根菌剂的肥料
	硅酸盐细菌肥料	含有硅酸盐细菌、其他解钾微生物制剂
	复合微生物肥	含有两种以上有益微生物，它们之间互不拮抗的微生物制剂
	有机–无机复合肥	有机肥、化学肥料或（和）矿物源肥料复合而成的肥料

分类	名称	简介
商品肥料	化学和矿物源肥料	
	氮肥	尿素、碳酸氢氨、硫酸铵
	磷肥	磷矿粉、过磷酸钙、钙镁磷肥
	钾肥	硫酸钾、氯化钾
	钙肥	生石灰、熟石灰、过磷酸钙
	硫肥	硫酸铵、石膏、硫黄、过磷酸钙
	镁肥	硫酸镁、钙镁磷肥
	微量元素肥料	含有铜、铁、锰、锌、硼、钼等微量元素的肥料
	复合肥	二元、三元复合肥
	叶面肥料	含有各种营养成分，喷施于植物叶片的肥料
	茶叶专用肥	根据茶树营养特性和茶园土壤理化性质配制的茶树专用的各种肥料

附录2　茶园允许使用的农药

农药			主要防治对象	每亩稀释倍数/倍	每季最多使用数量/次	安全间隔期/天
通用名	商品名	含量及剂型				
白僵菌	白僵菌	50亿～70亿个孢子/克粉剂	扁刺蛾、茶毛虫、茶尺蠖	50～500	1	3
波尔多液	波尔多液	0.6%～1%石灰半量式	云纹叶枯病、芽枯病、炭疽病、轮斑病、白星病	100～150	1	15
茶毛虫病毒-Bt	茶毛虫病毒-Bt	0.1亿PIB/毫升,4000亿Bt/微升	茶毛虫	1000	3	5～7
除虫菊素	天然除虫菊素	5%乳油	蚜虫、蓟马	1000～1500	2	7～15
川楝素	苦楝素,疏果净,绿保威等	0.5%乳油、1.2%乳油、78%粉剂	云纹叶枯病、炭疽病、毒蛾、蓑蛾、茶毛虫、蚜虫、螨类、粉虱	100～1000	2	5～7
多抗霉素	多氧霉素、多效霉素等	1.5%可湿性粉剂	云纹叶枯病、茶饼病	200～1000	3	5～7
多杀霉素	菜喜、催杀	2.5%悬浮剂	蓟马	1000～1500	2	3
核型多角体病毒	核型多角体病毒	20亿PIB/毫升,悬浮剂	毒蛾、蓑蛾、茶毛虫	800～1000	2	3

续表

农药			主要防治对象	每亩稀释倍数 / 倍	每季最多使用数量 / 次	安全间隔期 / 天
通用名	商品名	含量及剂型				
机油	机油乳剂	99% 乳油	螨类、介壳虫、蚜虫	400 ～ 600	2	20
井冈霉素	井冈霉素	5% 水剂	云纹叶枯病、轮斑病	2500 ～ 7500	3	7 ～ 15
苦参碱	苦参素、苦参植物保护剂	0.3% 水剂	叶蝉、螨类、茶毛虫、茶尺蠖	600 ～ 1000	3	7
矿物油	绿颖矿物油	99% 乳油	螨类	100 ～ 150	3	20
黎芦碱	黎芦碱	0.2% 可溶性液剂	蚜虫、螨类、粉虱	800	2	
硫黄	硫黄	45% 悬浮剂	螨类	300 ～ 600	2	10
绿僵菌	金龟子绿僵菌	23 亿～ 28 亿个活孢子 / 克，粉剂	白蚁、茶毛虫、茶尺蠖	50 ～ 500	1	3
木霉菌	绿色木霉菌剂	有效活菌数 ≥ 10CFU/ 克，粉剂	炭疽病、根结线虫、地下害虫	500 ～ 1000	3	3
石硫合剂	石硫合剂	30% 粉剂、45% 晶体	云纹叶枯病、炭疽病、轮斑病、芽枯病、螨类、介壳虫	100 ～ 300	2	15

附录3 茶树禁止使用的农药

中毒、高毒、剧毒、高残留、降解慢的农药禁止在茶树上使用。目前国家明令禁止使用的农药（46种）：六六六、滴滴涕、毒杀芬、二溴氯丙烷、杀虫脒、二溴乙烷、除草醚、艾氏剂、狄氏剂、汞制剂、砷、铅类、敌枯双、氟乙酰胺、甘氟、毒鼠强、氟乙酸钠、毒鼠硅、甲胺磷、甲基对硫磷、对硫磷、久效磷、磷胺、苯线磷、地虫硫磷、甲基硫环磷、磷化钙、磷化镁、磷化锌、硫线磷、蝇毒磷、治螟磷、特丁硫磷、氯磺隆、胺苯磺隆、甲磺隆、福美胂、福美甲胂、三氯杀螨醇、林丹、硫丹、溴甲烷、杀扑磷、百草枯、氟虫胺、2,4-滴丁酯。

国家明令茶树上禁止使用的农药（16种）：甲拌磷、甲基异柳磷、内吸磷、克百威、涕灭威、灭线磷、硫环磷、氯唑磷、氰戊菊酯、氟虫腈、氯化苦、灭多威、磷化铝、乙酰甲胺磷、丁硫克百威、乐果。

附录4　茶叶中农残限量指标

2022年11月11日，国家卫生健康委、农业农村部、国家市场监管总局联合发布《食品安全国家标准　食品中2,4-滴丁酸钠盐等112种农药最大残留限量》（GB 2763.1—2022），是《食品安全国家标准　食品中农药最大残留限量》（GB 2763—2021）的增补版，于2023年5月11日起正式实施，至此，我国对茶叶中的农药最大残留限量标准达到了110项。

序号	农药中文名称	农残限量/（毫克/千克）
1	百草枯	0.2
2	百菌清	10
3	苯醚甲环唑	10
4	吡虫啉	0.5
5	吡蚜酮	2
6	吡唑醚菌酯	10
7	丙溴磷	0.5
8	草铵膦	0.5*
9	草甘膦	1
10	虫螨腈	20
11	除虫脲	20
12	哒螨灵	5
13	敌百虫	2
14	丁硫克百威	0.01

序号	农药中文名称	农残限量/（毫克/千克）
15	丁醚脲	5*
16	啶虫脒	10
17	啶氧菌酯	20
18	毒死蜱	2
19	多菌灵	5
20	呋虫胺	20
21	氟虫脲	20
22	氟氯氰菊酯和高效氟氯氰菊酯	1
23	氟氰戊菊酯	20
24	甲氨基阿维菌素苯甲酸盐	0.5
25	甲胺磷	0.05
26	甲拌磷	0.01
27	甲基对硫磷	0.02
28	甲基硫环磷	0.03*
29	甲基异柳磷	0.01*
30	甲萘威	5
31	甲氰菊酯	5
32	克百威	0.02
33	喹螨醚	15
34	乐果	0.05
35	联苯菊酯	5
36	硫丹	10
37	硫环磷	0.03
38	氯氟氰菊酯和高效氯氟氰菊酯	15
39	氯菊酯	20

续表

序号	农药中文名称	农残限量/（毫克/千克）
40	氯氰菊酯和高效氯氰菊酯	20
41	氯噻啉	3*
42	氯唑磷	0.01
43	醚菊酯	50
44	灭多威	0.2
45	灭线磷	0.05
46	内吸磷	0.05
47	氰戊菊酯和S-氰戊菊酯	0.1
48	噻虫胺	10
49	噻虫啉	10
50	噻虫嗪	10
51	噻螨酮	15
52	噻嗪酮	10
53	三氯杀螨醇	0.01
54	杀螟丹	20
55	杀螟硫磷	0.5
56	水胺硫磷	0.05
57	特丁硫磷	0.01*
58	西玛津	0.05
59	烯啶虫胺	1
60	辛硫磷	0.2
61	溴氰菊酯	10
62	氧乐果	0.05
63	伊维菌素	0.2
64	乙螨唑	15

续表

序号	农药中文名称	农残限量/（毫克/千克）
65	乙酰甲胺磷	0.05
66	印楝素	1
67	茚虫威	5
68	莠去津	0.1
69	唑虫酰胺	50
70	滴滴涕	0.2
71	六六六	0.2
72	代森锌	50
73	马拉硫磷	0.5
74	灭草松	0.1*
75	仲丁威	0.05
76	胺苯磺隆	0.02
77	巴毒磷	0.05
78	丙酯杀螨醇	0.02
79	草枯醚	0.01*
80	草芽畏	0.01*
81	毒虫畏	0.01
82	毒菌酚	0.01*
83	二溴磷	0.01*
84	氟除草醚	0.01*
85	格螨酯	0.01*
86	庚烯磷	0.01*
87	环螨酯	0.01*
88	甲磺隆	0.02
89	甲氧滴滴涕	0.01

续表

序号	农药中文名称	农残限量/（毫克/千克）
90	乐杀螨	0.05*
91	氯苯甲醚	0.05
92	氯磺隆	0.02
93	氯酞酸	0.01*
94	氯酞酸甲酯	0.01
95	茅草枯	0.01*
96	灭草环	0.05*
97	灭螨醌	0.01
98	三氟硝草醚	0.05*
99	杀虫畏	0.01
100	杀扑磷	0.05
101	速灭磷	0.05
102	特乐酚	0.01*
103	戊硝酚	0.01*
104	烯虫炔酯	0.01*
105	烯虫乙酯	0.01*
106	消螨酚	0.01*
107	溴甲烷	0.02*
108	乙酯杀螨醇	0.05
109	抑草蓬	0.05*
110	茚草酮	0.01*

注：* 表示为临时限量。

附录5 衢州玉露茶产品标准

《衢州玉露茶》为中国商业股份制企业经济联合会团体标准，由中国商业股份制企业经济联合会2024年3月29日发布，2024年5月1日实施。

文件按照GB/T 1.1—2020《标准化工作导则 第1部分：标准化文件的结构和起草规则》的规定起草。

文件由衢江区放心农产品服务中心提出。

文件由中国商业股份制企业经济联合会归口。

文件起草单位：衢州市衢江区农业农村局、衢州市衢江区茶叶产业协会、衢州市大山茶叶有限公司。

文件主要起草人：毛聪妍、金昌盛、林燕清、程萱、毛莉华、徐璐珊、杨奉水、王海富、江财红、向签、鲁凤君。

1 范围

本文件规定了衢州玉露茶的术语和定义、产品等级、技术要求、试验方法、检验规则、标志、标签、包装、运输及贮存。

本文件适用于衢州玉露茶的生产和使用。

2 规范性引用文件

下列文件中的内容通过文中的规范性引用而构成本文件必不可少的条款。其中，注日期的引用文件，仅该日期对应的版本适用于本文件；不注日期的引用文件，其最新版本

（包括所有的修改单）适用于本文件。

GB/T 191 包装储运图示标志

GB 2762 食品安全国家标准　食品中污染物限量

GB 2763 食品中农药最大残留限量

GB/T 23776 茶叶感官审评方法

GB 5009.3 食品安全国家标准　食品中水分的测定

GB/T 8306 茶　总灰分测定

GB/T 8305 茶　水浸出物含量测定

GB/T 8311 茶　粉末和碎茶含量测定

GB/T 8302 茶　取样

GB 7718 预包装食品标签通则

GB 23350 限制商品过度包装要求　食品和化妆品

GB/T 30375 茶叶贮存

JJF 1070 定量包装商品净含量计量检验规则

GH/T 1070 茶叶包装通则

《定量包装商品计量监督管理办法》国家市场监督管理总局令 2023 年第 70 号

《食品标识管理规定》国家质量监督检验检疫总局令 2007 年第 102 号，2009 年第 123 号

3　术语和定义

下列术语和定义适用于本文件。

3.1 衢州玉露茶

在衢州市衢江区衢州玉露茶地理标志保护范围内（见附录 A、附录 B），以适制的中小叶种茶树新梢芽叶为原料，按照摊青、杀青、揉捻、循环滚炒、回潮、烘焙、分筛整理等特定工艺加工，具有"外形条索卷曲紧结、色泽翠绿，汤色嫩绿明亮，香气栗香高长，滋味醇厚甘爽，叶底嫩匀成朵绿亮"特征的一种半烘炒绿茶。

3.2 茶树品系

茶树群体种内具有共同来源和特定经济性状的遗传上相对一致、性状表现相对整齐一致的一群个体。

3.3 茶汤表现

茶汤表现指茶叶泡制后所呈现出的色泽、清澈度、滋味以及香气等方面的特征。

3.4 地理标志农产品

标示农产品来源于特定地域，且产品品质和相关特征主要取决于该地区的自然生态环境和人文历史因素的农产品。

3.5 纯净度

纯净度指的是茶叶在生长、采摘、制作和存储过程中，所保持的清洁、无污染的状态，以及品饮时带给人的纯净感受。这不仅仅是对茶叶外观和内含物的要求，更是对茶叶整体品质的一种综合评价。

4 产品等级

4.1 评价指标分级

以外形、香气、汤色、滋味、叶底为指标，分为 3 个等级：特级、一级和二级。

4.2 标准样分级

各产品等级均设置实物标准样，为每个等级的最低标准，每 3 年配换一次。实物标准样制作规程参见附录 C。

5 技术要求

5.1 产地

应在衢州玉露茶产地范围内。

5.2 茶树品种

应为无性系中小叶种茶树。

5.3 鲜叶质量

应符合地理标志农产品要求。

5.4 加工工艺

应为传统手工工艺和现代机械加工。

5.5 茶汤表现

应有衢州玉露茶正常的色、香、味，无异味、无异嗅、无劣变。

5.6 纯净度

不得含有非茶类夹杂物，不着色，无任何添加剂。

5.7 感官指标

应符合表 1 的要求。

表 1　感官指标

项目	外形	香气	汤色	滋味	叶底
特级	条索卷曲紧结、色泽翠绿、鲜润、匀齐、洁净	栗香高长	嫩绿、明亮	醇厚甘爽	嫩匀成朵、绿亮
一级	条索卷曲紧结、嫩绿鲜润，匀齐、洁净	清香持久	嫩绿、明亮	醇厚甘爽	嫩匀成朵、绿亮
二级	条索卷曲、嫩绿尚鲜润，匀整、洁净	清香尚持久	嫩绿、明亮	醇厚甘爽	嫩匀成朵、绿亮

5.8 理化指标

应符合表 2 的要求。

表 2　理化指标

项目	指标
水分 /%	≤ 6.5
总灰分 /%	≤ 6.5
水浸出物 /%	≥ 36.5
粉末和碎茶（质量分数）/%	≤ 1.0

5.9 质量安全指标

5.9.1 其他污染物限量

应符合 GB 2762 的规定。

5.9.2 农药残留限量

应符合 GB 2763 的规定。

5.10 净含量

应符合《定量包装商品计量监督管理办法》国家市场监督管理总局令 2023 年第 70 号的规定。

6 试验方法

6.1 感官指标

按 GB/T 23776 规定的方法进行测定。

6.2 理化指标

6.2.1 水分

按 GB 5009.3 规定的方法进行测定。

6.2.2 总灰分

按 GB/T 8306 规定的方法进行测定。

6.2.3 水浸出物

按 GB/T 8305 规定的方法进行测定。

6.2.4 粉末和碎茶

按 GB/T 8311 规定的方法进行测定。

6.3 质量安全指标

6.3.1 其他污染物限量

按 GB 2762 规定的方法进行测定。

6.3.2 农药残留限量

按 GB 2763 规定的方法进行测定。

6.4 净含量

按 JJF 1070 规定的方法进行测定。

7 检验规则

7.1 组批

同一批投料、同一生产线、同一班次生产的同一生产日期、同一规格的产品为一批。

7.2 取样

按 GB/T 8302 规定执行。

7.3 检验

7.3.1 检验分类

产品检验分为出厂检验和型式检验。

7.3.2 出厂检验

7.3.2.1 每批产品均应做出厂检验，经检验合格后，方可出厂。

7.3.2.2 出厂检验项目为感官指标、水分、净含量、粉末。

7.3.3 型式检验

7.3.3.1 型式检验项目应包含"5 技术要求"中要求的全部项目。

7.3.3.2 正常生产时应每年进行至少一次检验，当有下列情况之一时，亦应进行型式检验：

a）原料或加工工艺有较大改变，可能影响产品质量时；

b）产品停产半年以上，恢复生产时；

c）国家法定质量监督机构提出型式检验要求时；

d）申请使用地理标志专用标志或复审时。

7.4 判定规则

7.4.1 出厂检验时，凡不符合出厂检验项目的产品，均判为不合格产品。

7.4.2 型式检验时，凡不符合"5 技术要求"规定的产品，均判定该批产品不合格。

7.5 复验

对检验结果有争议时，应对留存样进行复验，或在同批产品中重新按 GB/T 8302 的规定加倍随机抽样进行不合格项目的复验，以复验结果为准。

8 标志、标签、包装、运输及贮存

8.1 标志、标签

产品的标签应符合 GB 7718 和《食品标识管理规定》国家质量检验检疫监督总局令 2007 年第 102 号，2009 年第 123 号的规定。包装储运图示标志应符合 GB/T 191 的规定。

8.2 包装

应符合 GH/T 1070 和 GB 23350 的规定。

8.3 运输

应符合下列各项要求：

a）采用清洁、干燥、无异味、无污染的运输工具；

b）运输时应有防雨、防潮、防晒措施；

c）采用冷链运输；

d）不得与有毒、有害、有异味、易污染的物品混装混运。

8.4 贮存

应符合 GB/T 30375 的规定。

附 录 A

（资料性）

衢州玉露茶生产区域范围

衢州玉露茶生产区域地理坐标为北纬 28°31′00″ ～ 29°20′07″，东经 118°41′51″ ～ 119°06′39″。辖 10 个镇、8 个乡、1 个办事处，共计 244 个行政村，面积 7060 公顷。具体分布见表 A.1。

表 A.1 衢州玉露茶生产区域分布表

序号	乡镇（街道）	行政村名
1	灰坪乡	龙山村、沙坑村、灰坪村、白塔新村、上坪田村

序号	乡镇（街道）	行政村名
2	廿里镇	廿里村、上宇村、马卜吴村、杨家突村、里屋村、石塘背村、文塘村、塘底村、黄山村、塘湖村、余塘头村、六一村、六二村、鱼头塘村、山下村、里珠村、富里村、彭家村、赤柯山村、和美村、白马新村、通衢村
3	双桥乡	双桥村、社后蓬村、溪滩村、山峰村、河口村、高田村
4	大洲镇	东岳村、沧州村、狮子山村、深龙村、后祝村、沧南村、坑头畈村、五石埂村、外焦村、石屏村
5	后溪镇	后溪村、泉井边村、上棠村、下棠村、江滨村、前百村、坝底村、菖蒲垄村、山塘村、赤山口村、张村村、东华村、大川村、庭前村、青塘村
6	横路办事处	横路村、毛家村、东方村、清水村、童何村、贺邵溪、下山溪
7	全旺镇	虹桥、贺辂亭、幸福源、全旺、黄毛畈、岩头、马蹊、楼山后、红岩、柴公岗、里舍、虹峰、官山底、尹家、官塘
8	杜泽镇	杜一、杜二、杜三、杜四、杜五、宝山、坎头、潜灵、上六、白水、荷花塘沿、下余、下方、桥王、西庄、章家、堰坑头、文林、下溪、白鹤山、明果、庙前、金岗山、黄金岗
9	莲花镇	莲花村、莲东村、五坦村、犁金园村、清莲村、东湖畈村、山外村、上余村、洞峰村、月山村、华垅村、西山下村、杜山沿村、耿山村、外黄村、里黄村、缸窑头村、桥东村、黄营村、朱杨村、桥丰村、毛桐山村、大路口村
10	太真乡	王家山村、竹埂底村、下槽坞村、塘坞口村、银坑村、华坑村
11	高家镇	段家村、盈川村、航墩村、安仁村、划船塘村、中央徐村、高湖村、胡仁村、欧塘村、坎高村、高家村、陈宅村、郑家陇头村、黄甲楼村、洪家村、西村村、后方村、林家村、新安村、松旺村、枫树底村、斋堂村、上溪村、西山村
12	举村乡	举村村、茶山村、龙头坑村、翁源村、西坑村、石便村、洋坑村

序号	乡镇（街道）	行政村名
13	湖南镇	埂头村、破石村、湖南村、华家村、山尖岙村、朝书村、白坞口村、蛟垄村、湘思村
14	上方镇	新京村、严村村、金扬村、金坑村、玳堰村、鹿角堰村、上方村、上龙村、郑家新村、仙洞村、立模新村、金牛村、依岙新村、龙祥村
15	云溪乡	云溪村、孟姜村、滨江村、世和村、蒋村村、胡山村、章戴街村、西坞村、棠陵邵村、希望新村、思源村、清源村、车塘村、富西村、勃坞村、锦桥村、竹蓬头村
16	周家乡	周家村、宋家村、双溪村、三源村、龙园村、相对村、川坑村、板桥村、上岗头村、丰上清村、诚后村
17	黄坛口乡	黄坛口村、紫薇村、茶坪村、黄泥岭村、坑口村、汉都村、下呈村
18	岭洋乡	赖家村、上珠坂村、柳家村、鱼山村、抱珠龙村、溪东村、洋口村、大日坂村、岗头村、白岩村、岭头村
19	峡川镇	峡口村、大桥村、失母湾村、后山村、下叶村、珠坞村、李泽村、大理村、乌石坂村、高岭村、东坪村

附 录 B

（资料性）

衢州玉露茶生产区域范围图（略）

附 录 C

（资料性）

衢州玉露茶实物标准样制作与使用规程

C.1 要求

C.1.1 标准样按照本标准分为特级、一级、二级3个等级。

C.1.2 标准样按衢州玉露茶分级感官特征制定。

C.1.3 标准样每 3 年更换 1 次。

C.2 原料选留

C.2.1 选样单位在春茶及秋茶期间选留采制外形正常、内质基本符合各级标准要求的有代表性的茶叶。

C.2.2 等级、数量应按计划选足留好。原料选留计划由制样单位根据需要确定。

C.3 制样

C.3.1 标准样由制样单位组织有关技术人员制作。

C.3.2 应对原料茶作适当的筛分、选配、拼和。

C.3.3 先试拼标准小样，经审评、平衡后，再换配大样，大、小样的品质应相符。

C.4 使用

C.4.1 评茶时根据需要选用，用后及时装好，放回低温、干燥的容器内。

C.4.2 放在茶样盘中干看抓样，动作要轻，以免茶条断碎。不要把茶叶拣出，簸样时不要飘出芽、叶，以免标准样水平走样。应保持标准样的原有面貌，延长使用时间。

C.4.3 应避免标准样倒错互混。标准样水平走样后，应及时调换。

C.5 贮存

C.5.1 标准样分装要力求均匀一致，随装随加盖，封粘标准样标签。

C.5.2 使用单位对标准样应有专人保管，置于低温干燥的环境中，防止受潮变质。

附录 6 绿色食品 衢州玉露茶生产技术规程

《绿色食品 衢州玉露茶生产技术规程》（T/ZLX 075—2023）为浙江省绿色农产品协会团体标准，由浙江省绿色农产品协会 2023 年 11 月 24 日发布，2024 年 12 月 1 日实施。

文件按照 GB/T 1.1—2020《标准化工作导则 第 1 部分：标准化文件的结构和起草规则》的规定起草。

文件由浙江省绿色优质农产品标准化工作领导小组提出并归口。

本文件起草单位：衢州市衢江区农业农村局、衢州市衢江区茶叶产业协会、衢州市大山茶叶有限公司、衢州市衢江区胡氏家庭农场有限公司、衢州市砚池茶叶有限公司。

文件主要起草人：金昌盛、毛聪妍、程萱、林燕清、徐璐珊、王海富、朱安、周爱珠、江财红、向签。

1 范围

本文件规定了衢州玉露茶的术语与定义、建园、茶园管理、鲜叶与加工、质量要求、标志、包装、运输、贮存与保鲜等要求。

本文件适用于衢州玉露茶的生产。

2 规范性引用文件

下列文件中的内容通过文中的规范性引用而构成本文件

必不可少的条款。其中，标注日期的引用文件，仅该日期对应的版本适用于本文件；不注日期的引用文件，其最新版本（包括所有的修改单）适用于本文件。

GB 11767 茶树种苗

GB/T 17419 含有机质叶面肥料

GB/T 17420 微量元素叶面肥料

GB 23350 限制商品过度包装要求　食品和化妆品

NY/T 288 绿色食品　茶叶

NY/T 391 绿色食品　产地环境质量

NY/T 393 绿色食品　农药使用准则

NY/T 394 绿色食品　肥料使用准则

NY/T 658 绿色食品　包装通用准则

NY/T 1056 绿色食品　贮藏运输准则

GH/T 1070 茶叶包装通则

GH/T 1077 茶叶加工技术规程

JJF 1070 定量包装商品净含量计量检验规则

3 术语和定义

下列术语和定义适用于本文件。

3.1 衢州玉露茶

在地理坐标为北纬28°31'00"～29°20'07"，东经118°41'51"～119°06'39"，以适制的中小叶种茶树新梢芽叶为原料，采用杀青、揉捻、循环滚炒等特定工艺加工，具有"外形卷曲紧结、色泽翠绿，汤色嫩绿明亮，香气栗香高长，滋味醇厚甘爽，叶底嫩匀绿亮"特征的一种半烘炒绿茶。

4 建园

4.1 要求

4.1.1 产地环境应符合 NY/T 391 的规定。

4.1.2 土壤呈酸性，pH 值 4.5～6.5，土层深度在 0.6m 以上，有机质含量在 1.0% 以上。

4.1.3 15° 以下平缓坡地直接开垦，翻垦深度 50cm 以上；15° 以上坡地，按等高水平线筑梯地，梯面宽应在 1.5m 以上。

4.1.4 茶园四周营造防护林，与主干公路、农田等的边界应设立缓冲带、隔离带、林带或物理障碍区。

4.1.5 根据茶园面积大小和地理位置等，建设合适数量的蓄水池，或安装相应的喷滴灌设备。

4.2 品种选择

种苗应采用鸠坑种及白叶一号、龙井 43 等适制茶树良种，并注意早、中、晚品种的合理搭配。苗木的质量要求应符合 GB 11767 中的规定。

4.3 定植

4.3.1 时间

春季定植：1 月下旬至 2 月下旬；秋季定植：10 月下旬

至 11 月下旬。

4.3.2 密度

单条播：行距 150cm，株距 30cm，每丛茶苗 2 株，每公顷苗数 4.5 万～5 万株；双条播：大行距 150cm，小行距 40cm，株距 30cm，每丛茶苗 2 株，每公顷基本苗数 7 万～9 万株。

4.3.3 底肥

茶行确定后，按茶行开种植沟，深 50cm，宽 50～80cm，种植沟内施足以有机肥为主的底肥，每亩施栏肥、绿肥 3000～5000kg、商品机肥 2000～2500kg，或饼肥 200～350kg，加复合肥或复混肥 50～100kg，施后覆土。

4.3.4 方法

栽植茶苗时，填土压实，浇足"定根水"。移栽定植后及时铺草覆盖，防旱保苗。定期检查成活情况，发现缺株，适时补齐。

5 茶园管理

5.1 肥水管理

5.1.1 施肥

5.1.1.1 施肥原则

参照当地常年平均产量制定合理的目标产量，根据产地土壤供肥能力和作物需肥规律确定合理的施肥总量与施肥方法。

5.1.1.2 施肥安排

根据茶园实际情况，浅耕结合施肥分三次进行：第一次在春茶前进行浅锄，深度 5 ～ 10cm；第二次在春茶采制结束后夏茶前结合中耕进行，深度 10 ～ 15cm；第三次在伏耕进行，深度 15 ～ 20cm。

5.1.1.3 方法与用量

a）根据土壤理化性质、茶树长势、预计产量、制茶类型和气候等条件，确定合理的肥料种类、数量和施肥时间，实施茶园测土平衡施肥，基肥和追肥配合施用。一般成龄采摘茶园全年每亩氮肥（按纯氮计）用量 20 ～ 30kg、磷肥（按 P_2O_5 计）4 ～ 6kg、钾肥（按 K_2O 计）6 ～ 10kg。

b）宜多施有机肥料，化学肥料与有机肥料应配合使用，避免单纯使用化学肥料和矿物源肥料。

c）茶园使用的有机肥料、复混肥料（复合肥料）、有机－无机复混肥料、微生物肥料应符合 NY/T 394 的规定；农家肥施用前应经渥（沤）堆等无害化处理。

d）基肥于当年秋季采摘结束后施用，有机肥与化肥配合施用；平地和宽幅梯级茶园在茶行中间、坡地和窄幅梯级茶园于上坡位置或内侧方向开沟深施，深度 20cm 以上，施肥后及时覆土。一般每亩基肥施用量（按纯氮计）6 ～ 12kg，占全年的 30%～40%。根据土壤条件，配合施用磷肥、钾肥和其他所需营养。

e）追肥结合茶树生育规律进行，时间在各季茶叶开采前 20～40 日施用，以化肥为主，开沟施入，沟深 10cm 左右，施肥后及时盖土。追肥氮肥施用量（按纯氮计）每次每亩不超过 15kg。

5.2. 水分管理

幼龄茶园采取浅锄保水、培土护蔸、灌溉、种植绿肥等措施抗旱保苗。成龄茶园通过深翻培土、铺草、灌溉、浅耕等办法保持土壤水分。

5.3 树冠管理

5.3.1 定型修剪

定型修剪分三次完成：第一次在茶苗移栽定植时进行，第二次在栽后翌年 2 月中下旬进行，第三次在定植后第三年 2 月下旬至 3 月上旬或春茶后进行。修剪高度与方法：第一次在离地 15～20cm 处用整枝剪剪去主枝，第二次在离地 30～40cm 或上年剪口上提高 10～15cm 处修剪，第三次在离地 45～50cm 处，要求剪口平整光滑。

5.3.2 轻修剪

轻修剪每年可进行 1～2 次，用篱剪或修剪机剪去成龄茶园树冠面上突出枝条，时间宜在春茶后 5 月上中旬、秋末

10 月下旬至 11 月中旬进行。

5.3.3 深修剪

深修剪宜在春茶结束后进行，剪去树冠面上 10 ～ 15cm 深的"鸡爪枝"，恢复树势。

5.3.4 重修剪

重修剪宜在春茶后或晚秋进行，将衰老茶树地上部分的枝条剪去 1/3 ～ 1/2，重新培育树冠，恢复茶树健壮。

5.3.5 台刈

将老茶树地上部分枝条在离地 5 ～ 10cm 处全部刈去，重新全面塑造树冠。在晚秋、早春或春茶后进行，要求切口平滑、倾斜。

5.4 病虫草害综合防治

5.4.1 防治原则

从茶园整个生态系统出发，遵循"预防为主，综合治理"方针，根据病虫草害种类和发生规律，综合运用各种防治措施，创造不利于病虫草等有害生物滋生和有利于各类天敌繁衍的环境条件，因地制宜，经济、安全有效地控制病虫害，保持茶园生态系统的平衡和生物的多样性，将有害生物控制在允许的经济阈值下，将农药残留降低到标准规定的范围。

5.4.2 防治措施

5.4.2.1 农业防治：合理修剪、中耕除草，及时清除病虫危害的枯枝、落叶，减少病虫源；加强培育管理，健壮树势。

5.4.2.2 物理防治：秋冬季及时清理封园；人工捕杀茶毛虫、茶尺蠖、茶蓑蛾、茶丽纹象甲等具有群集性、移动慢或假死特点的害虫；采用杀虫灯、色板、诱捕器等物理防治诱杀虫害。

5.4.2.3 生物防治：保护和利用天敌，扩大以虫治虫、以菌治虫、性诱剂诱虫的应用范围，以维持自然界生态平衡。

5.4.3 主要病虫害防治

茶树主要病虫害防治方法见附录 A。

6 鲜叶与加工

6.1 鲜叶

6.1.1 质量要求

鲜叶质量的基本要求：单芽至一芽三叶初展。

6.1.2 采摘方法

鲜叶应按要求分级分批采摘，先发先采，按标准采，采大留小，不采雨水叶、紫芽叶、病虫叶，不带茶蒂。

6.1.3 运输

鲜叶运输时，应用清洁、透气良好的篮、篓进行盛装，轻放、轻翻，不宜紧压，不宜用塑料袋、编织袋等不通气的容器盛装，防止发热红变。运输工具应清洁卫生，避免日晒雨淋，不得与有异味、有毒的物品混装。鲜叶采摘后 4h 内应送到加工厂。

6.2 加工

6.2.1 加工场所

应符合 GH/T 1077 的规定。

6.2.2 加工工艺

绿色食品衢州玉露茶加工工艺参见附录 B。

7 质量要求

应符合 NY/T 288 的规定。

8 标志、包装、运输、贮存与保鲜

8.1 标志

8.1.1 绿色食品衢州玉露茶包装标签应符合 NY/T 658 的规定，其标签要醒目、整齐、规范、清晰、持久。

8.1.2 产品销售在包装上标明下列内容：

a）产品名称；

b）配料；

c）生产日期；

d）净含量；

e）生产单位、地址和联系方式；

f）产地：浙江省衢州市衢江区；

g）产品贮存条件；

h）保质期；

i）生产许可证号；

j）产品执行标准号；

k）质量等级；

l）绿色食品标志。

8.2 包装

8.2.1 包装应符合牢固、整洁、防潮、美观的要求。

8.2.2 茶叶包装材料符合食品卫生要求，应符合 NY/T 658 的规定。

8.2.3 单件定量包装的净含量负偏差应符合 JJF 1070 的规定。

8.2.4 预包装茶叶应符合 GB 23350 的规定。

8.3 运输

8.3.1 运输工具应清洁卫生，干燥无异味，不应与有毒、有害、有异味、易污染的物品混装、混运，按 NY/T 1056 的规定执行。

8.3.2 运输时应稳固、防雨、防潮、防暴晒。装卸时应轻装轻卸，防止挤压、碰撞。

8.4 贮存与保鲜

8.4.1 仓库要求

仓库要求清洁、无异味，保持干燥，宜配有降温装置。

8.4.2 仓库管理

8.4.2.1 茶叶堆放应整齐有序、堆放高度视容器耐压情况分层堆放。

8.4.2.2 仓库内宜长期保持温度10℃以下，相对湿度50%以下，定期检查贮存情况，库房温度每日检查一次，库房内茶叶品质定期检查。

9 标准化生产模式图

绿色食品衢州玉露茶生产技术操作模式图见附录C。

附 录 A

（资料性）

绿色食品茶园主要病虫害防治方法

绿色食品茶园主要病虫害防治方法见表A.1。

表A.1 绿色食品茶园主要病虫害防治方法

病虫害名称	防治适期	使用药剂及浓度	防治方法
小绿叶蝉	5月下旬至6月中下旬，9月至10月上旬	0.3%苦参碱水剂、400亿个孢子/g球孢白僵菌可湿性粉剂、1%印楝素微乳剂等生物制剂；或使用240g/L虫螨腈悬浮剂、25%噻嗪酮可湿性粉剂、150g/L茚虫威乳油、13%甲维·噻虫嗪水分散粒剂、30%噻虫嗪悬浮剂、4.5%高效氯氰菊酯乳油等进行防治	1.加强茶园管理，及时分批采茶；春茶结束修剪后，冬季清除枯枝落叶并集中处理；冬季用石硫合剂及时封园 2.悬挂色板，诱杀叶蝉成虫，压低虫口基数，或安装杀虫灯诱杀等减少来年病虫害数量

病虫害名称	防治适期	使用药剂及浓度	防治方法
茶橙瘿螨	在5月中旬至6月下旬,8—10月	99%矿物油乳油等进行防治	加强茶园日常管理,施足基肥和追肥,增强树势,提高抗病力;合理安排分期、分批、及时采茶;冬季用45%石硫合剂及时封园,清除枯枝落叶并集中处理,减少翌年病虫害数量
茶蚜	5月上中旬和9月下旬至10月中旬	/	1. 人工及时分批采摘;4—5月春茶采摘时,如果发现有茶蚜虫害,及时将该株新梢芽叶摘除,带出园区销毁;冬季用石硫合剂及时封园,清除枯枝落叶并集中处理,减少翌年病虫害数量 2. 茶园中悬挂粘虫板,可诱杀部分有翅成蚜 3. 用瓢虫、草蛉、食蚜蝇等捕食性天敌和蚜茧蜂等寄生性天敌防治
(灰)茶尺蠖	3龄前幼虫期	1万PIB·2000IU/μL茶核·苏云菌悬浮剂、100亿孢子/mL短稳杆菌悬浮剂、0.4%蛇床子素乳油、20亿PIB/mL甘蓝夜蛾核型多角体病毒悬浮剂、0.5%苦参碱水剂等进行防治;或4.5%高效氯氰菊酯乳油、20%甲氰菊酯乳油、25%甲氰·辛硫磷乳油等防治	1. 结合秋冬季深耕施基肥,清除树冠下表土中的虫蛹 2. 在成虫羽化期,打开杀虫灯或悬挂性信息素诱捕器,诱杀成虫 3. 利用灰茶尺蠖的天敌如茶尺蠖绒茧蜂、蜘蛛对幼虫进行捕杀,或者茶园放养土鸡,灭杀幼虫

续表

病虫害名称	防治适期	使用药剂及浓度	防治方法
茶毛虫	11月至翌年3月	0.3%～0.5%苦参碱水剂、8000～16000IU/mg苏云金杆菌可湿性粉剂、0.5%印楝素乳油等生物制剂防治	1.结合深、浅耕作以及清除园内枯枝落叶和杂草，消灭茧蛹 2.在成虫羽化期，使用杀虫灯或悬挂性信息素诱捕器诱杀成虫 3.保护茶园内黑卵蜂、赤眼蜂、茶毛虫绒茧蜂等天敌
茶炭疽病	5月中旬至7月下旬	0.5%几丁聚糖植物诱抗剂、46%氢氧化铜水分散粒剂、10%苯醚甲环唑水分散粒剂、250g/L吡唑醚菌酯乳油、80%代森锌可湿性粉剂、22.5%啶氧菌酯悬浮剂等防治	选用抗病品种，加强茶园管理，增施磷、钾肥和有机肥，避免偏施氮肥；加强茶树修剪，或在秋冬季结合茶树封园管理剪除病叶，扫除地面的枯枝落叶和杂草并及时带出茶园处理

附 录 B

（资料性）

绿色食品衢州玉露茶加工工艺规程

工艺流程：摊青→杀青→揉捻→循环滚炒→回潮→烘焙→分筛整理。

B.1 摊青

B.1.1 鲜叶摊青作业在摊青间进行，摊青间应清洁卫生，空气流通，无异味。

B.1.2 进入加工车间的鲜叶，应立即摊青，摊青厚度

3cm 以下。

B.1.3 不同等级、不同品种的鲜叶要分别摊青，有表面水的鲜叶单独摊青，上、下午鲜叶分开摊青，分别付制。

B.1.4 摊青时间以 4 ～ 6h 为佳，最多不超过 10h。摊青过程中要适当翻叶散热，轻翻、翻匀，减少机械损伤。

B.2 杀青

B.2.1 可用 60 型至 110 型滚筒连续杀青机杀青，投叶量根据设备要求而定。

B.2.2 杀青时间与程度：开机运转以后，点火烧炉，时间视筒内温度和鲜叶摊放时间而定。当炉温达到 200 ～ 250℃时，再投放鲜叶，鲜叶按量连续均匀投放，时刻观察炉温和杀出的青叶情况，合理调节炉温，时间不超过 2min 杀青叶失重率 35% ～ 40%。做到"嫩叶老杀，老叶嫩杀"，杀青叶色泽由翠绿转为暗绿，失去光泽，叶质柔软，青草气散失，散发清香，芽软略有黏性，稍有弹性，折梗不断时为杀青适度，杀青叶出炉后适当摊放快速冷却，使杀青叶水分散布均匀。

B.3 揉捻　揉捻机采用轻压与重压适时调整，细胞破坏率 80% 左右，碎茶率（8 孔以下筛末茶）不超过 3%。

B.4 循环滚炒

B.4.1 杀青机炉温 200℃时上叶，时间 3 ～ 5min；二青叶稍有触手感，手捏不成团，松手即散，含水量40%以下时出叶。

B.4.2 温度控制在100～120℃，时间20～30min，待条索卷曲，有明显触手感，白毫显露，含水率降至20%左右。

B.5 回潮 做形完成后厚堆1～2h，使梗上水分转移到叶上。

B.6 烘焙 茶箱式烘焙机烘焙：分2次焙干，时间15min。第一次烘干机进风口温度90～100℃时上叶，均匀薄摊，厚度3～4cm，时间8～10min，第二次烘干机进风口温度90～100℃，时间5～7min，至足干时下烘。

B.7 分筛整理 用相应的号筛进行筛分，并结合簸、拣等方法割去碎末，簸去黄片，拣梗剔杂，分级归堆、包装。

附 录 C
（资料性）

绿色食品衢州玉露茶生产技术操作模式图

绿色食品衢州玉露茶生产技术模式图见图 C.1。

	月份	11月至翌年2月	3～5月	6～7月	8～10月
	物候期	休眠期	春茶生长期	夏茶生长期	秋茶生长期
园地选择与栽植要求	园地选择	土壤 pH 值在 4.5～6.5，土层深厚丘陵地或缓坡地，坡度宜在 25°以下，开垦时应注意水土保持，翻垦深度 50cm 以上			
	栽植要求	单条播：行距 150cm，株距 30cm，每丛茶苗 2 株，每公顷苗数 4.5 万～5 万株；双条播：大行距 150cm，小行距 40cm，株距 30cm，每丛茶苗 2 株，每公顷基本苗数 7 万～9 万株			
	主要生产操作要点	（1）11 月和 2 月进行茶苗移栽、补缺；（2）11 月继续进行茶园深耕、施越冬肥、茶园封园；（3）清理整修修沟渠道路，修理安装茶叶加工机械；（4）做好茶园防冻抗寒措施；（5）2 月中上旬春茶前追施催芽肥	（1）3 月重点关注与预防"倒春寒"危害；（2）合理采摘春茶、采茶结束后及时进行轻修剪、重修剪或台刈；（3）三足龄茶树采摘第一批春茶进行定型修剪；（4）春茶采摘结束后（5 月上中旬）施夏茶追肥	（1）视市场情况可采摘夏茶；（2）幼龄茶园抗旱保苗、茶园除草等；（3）7 月安排扦插育苗；（4）夏茶采摘结束后施秋茶追肥	（1）视市场情况可采秋茶；（2）幼龄茶园抗旱保苗；（3）8～9 月安排扦插育苗；（4）10 月下旬开始茶苗移栽、栽植；（5）茶园深耕、施基肥、封园

图 C.1 绿色食品衢州玉露茶生产技术模式

综合防治原则	绿色防控	茶蚜	茶尺蠖	小绿叶蝉	茶绿瘿螨	炭疽病
遵循"预防为主，综合治理"方针，从茶园整个生态系统出发，根据病虫草发生、发展规律，综合运用各种防治措施，创造不利于病虫草等有害生物滋生繁衍的环境条件，因地制宜、经济、安全有效地控制茶园病虫害，保持茶园生态系统的平衡和生物的多样性，将有害生物控制在允许的经济阈值下，将农药残留降低到标准规定的范围		防治适期：发生高峰期，一般为5月上旬和9月下旬至10月中旬	防治适期：3龄前幼虫期	防治适期：第1个高峰期在5月下旬至6月中下旬，第2个高峰期在9月至10月上旬	防治适期：第1次在5月中旬至6月下旬，第2次在8～10月高温干旱季节	防治适期：春末夏初发病期或秋初发病期

主要害虫防治

图 C.1 绿色食品衢州玉露茶生产技术模式（续）

茶叶质量安全关键控制点	建议使用农药及安全间隔期					
	防治对象	制剂、用药量（以标签为准）	安全间隔期/d	防治对象	制剂、用药量（以标签为准）	安全间隔期/d
（1）产地环境条件：应符合NY/T 391产地环境质量的要求	茶小绿叶蝉	240g/L 虫螨腈悬浮剂 25～30mL/亩喷施	7	茶橙瘿螨	99%矿物油乳油 300～450mL/亩喷雾	3～5
（2）农药：应符合NY/T 393农药使用准则的要求		150g/L 苗虫威乳油 17～22mL/亩喷雾	14		0.3%印楝素可溶液剂 125～186mL/亩	3～5
（3）肥料：应符合NY/T 394肥料使用准则的要求	灰茶尺蠖	0.5%苦参碱水剂 75～90g/亩喷施	7	炭疽病	10%苯醚甲环唑水分散粒剂 1000～1500倍液	14
（4）禁止在安全间隔期内采摘，加工过程严禁违规使用添加剂		100亿个孢子/mL 短稳杆菌悬浮剂 500～700倍液喷雾	3～5		冬季用45%石硫合剂晶体或自制石硫合剂清园	3～5

图C.1 绿色食品衢州玉露茶生产技术模式（续）

参考文献

衢州市市场监督管理局，2021. 衢州玉露茶生产技术规范：DB 3308/082—2021[S/OL].https://dbba.sacinfo.org.cn/stdDetail/bbd4eac149428e68fc6705b1712679fed5a0263f95dd8c5ff7bf2b20a7bc2bf6.

于国光，陈文明，2022. 磐安云峰茶全产业链质量安全风险管控手册 [M]. 北京：中国农业出版社 .

张进华，2010. 浅析茶叶清洁化生产技术 [J]. 茶业通报，32（2）：87–89.